Ernst Kauffmann
Erich Herion
Harri Locher

Elektropneumatische und elektrohydraulische Steuerungen

Ernst Kauffmann
Erich Herion
Harri Locher

Elektropneumatische und elektrohydraulische Steuerungen

Mit 177 Bildern

Herausgegeben von Kurt Mayer

unter Mitarbeit von Werner Dieterle,
Siegfried Eder, Gerhard Klaiber,
Peter Linzmaier und Günther Rausch

Friedr. Vieweg & Sohn Braunschweig/Wiesbaden

Dieses Buch entstand unter freundlicher Mitwirkung der Firma HERION-WERKE KG, Fellbach

Die Autoren:
Dipl.-Ing. *Ernst Kauffmann,* Direktor der Wilhelm Maybachschule in Stuttgart-Bad Cannstatt
Dipl.-Ing. *Erich Herion,* Geschäftsführender Gesellschafter der HERION-WERKE KG, Fellbach
Harri Locher, Technischer Oberlehrer, Stuttgart

Die Mitautoren:
Werner Dieterle, Leiter Elektroausbildung
Siegfried Eder, Entwicklung Lehr- und Lernsysteme
Gerhard Klaiber, Konstruktion und Entwicklung Elektromagnete
Peter Linzmaier, Projektierung Stetigventile
Günther Rausch, Projektierung Stetigventile

Der Herausgeber:
Dipl.-Ing. *Kurt Mayer* VDI, Oberstudiendirektor, Deizisau

Der Verlag Vieweg ist ein Unternehmen der Verlagsgruppe Bertelsmann International.

Umschlagentwurf: Hanswerner Klein, Leverkusen

Gedruckt auf säurefreiem Papier

ISBN-13: 978-3-528-04360-5
e-ISBN-13: 978-3-322-84913-7
DOI: 10.1007/978-3-322-84913-7

Vorwort

Die Komponenten pneumatischer und hydraulischer Steuerungen werden überwiegend mit elektrischer Energie, d. h. elektromechanisch oder elektronisch, betrieben. Dabei gewinnen die elektronischen Ansteuerungen in der Industriepneumatik und -hydraulik immer mehr an Bedeutung. Bei Verknüpfungs- oder Ablaufsteuerungen lösen die speicherprogrammierbaren Steuerungen zunehmend die Relaissteuerungen ab; bei Proportional- oder Servoventilen ist die Ansteuerelektronik Voraussetzung.

Die Verknüpfung des Steuerteils mit der Steuerstrecke erfolgt über den Stellantrieb des Stellglieds, also über den Betätigungsmagnet eines Ventils. Das vorliegende Buch ist die notwendige Ergänzung zu den in diesem Verlag bereits erschienenen Büchern „Pneumatische Steuerungen“ von G. Kriechbaum und „Hydraulische Steuerungen“ von E. Kauffmann. Deshalb wird hier auf die ausführliche Darstellung pneumatischer und hydraulischer Geräte sowie deren Bild- oder Schaltzeichen nach DIN ISO 1219 zum größten Teil verzichtet.

Dieses Buch wurde in enger Zusammenarbeit mit Fachleuten aus der Praxis erstellt, so daß neben dem notwendigen Fachwissen auch anhand praxisorientierter Beispiele Schülern, Studenten, Ausbildern und Lehrern der Einstieg in diesen Teil der Steuerungstechnik ermöglicht wird.

E. Kauffmann, E. Herion und H. Locher

Stuttgart, Oktober 1991

Inhaltsverzeichnis

1 Grundlagen

Die Automatisierung in der Fertigung erfordert vielfältige Steuer-, Regelungs- und Leiteinrichtungen, deren Entwicklung laufend fortschreitet. Pneumatische und hydraulische Steuerungen haben innerhalb dieses Gesamtrahmens eine immer größere Bedeutung erlangt. Vor allem in der Verbindung mit elektrischen Steuerungen können viele Vorteile der Pneumatik und Hydraulik optimal genutzt werden. Dabei hat die Kombination der Fluidtechnik mit der Elektronik in den letzten Jahren einen enormen Schritt vorwärts gemacht, aber auch die herkömmliche elektromechanische Steuerung hat in der Pneumatik und Hydraulik noch eine große Bedeutung. Beide haben zur Erhöhung eines qualitätsorientierten Automatisierungsgrades wesentlich beigetragen.

Um die Zusammenhänge der Fluid- und Elektrotechnik als steuerungstechnische Einheit zu verstehen, sind zuerst die Grundbegriffe der Steuerungs- und Regelungstechnik, die in verschiedenen DIN-Normen und Empfehlungen festgelegt sind, näher zu betrachten.

1.1 Steuerung, Regelung

Im Normblatt DIN 19226, in dem die wichtigsten Begriffe und Benennungen der Steuerungs- und Regelungstechnik zusammengefaßt sind, ist die Steuerung folgendermaßen definiert:

> Das Steuern – die Steuerung – ist der Vorgang in einem System, bei dem eine oder mehrere Größen als Eingangsgrößen andere Größen als Ausgangsgrößen auf Grund der dem System eigentümlichen Gesetzmäßigkeiten beeinflussen.

Kennzeichen für das Steuern ist der offene Wirkungsablauf über das einzelne Übertragungsglied oder die Steuerkette.

Entlang des Wirkungsweges lassen sich sowohl Steuerungen als auch Regelungen in einzelne Glieder aufteilen. Sie werden entweder als Bau- oder Übertragungsglieder bezeichnet. Wird die Steuerung oder Regelung gerätetechnisch betrachtet, spricht man von Baugliedern. Dabei werden die physikalischen und technischen Eigenschaften sowie Ort und Verwendung der Geräte, Baugruppen usw. in den Vordergrund gestellt. Bei der wirkungsmäßigen Betrachtung, bei der allein der Zusammenhang der Größen und Werte einer Steuerung oder Regelung beschrieben wird, spricht man von Übertragungsgliedern. Sinnbildlich werden diese Übertragungsglieder in einem Rechteck, dem Block, dargestellt (Bild 1.1). Die Kettenstruktur einer Steuerung ist in den Bildern 1.2 und 1.3 dargestellt, wobei Gesamtsteuerungen oft komplexe und umfangreiche Kombinationen sind, die aus vielen miteinander verknüpften Einzelsteuerungen aufgebaut sind. Nach DIN 19226 werden auch diese Gesamtanlagen als Steuerungen bezeichnet, es heißt dort:

> Die Benennung Steuerung wird vielfach nicht nur für den Vorgang des Steuerns, sondern auch für die Gesamtanlage verwendet, in der die Steuerung stattfindet.

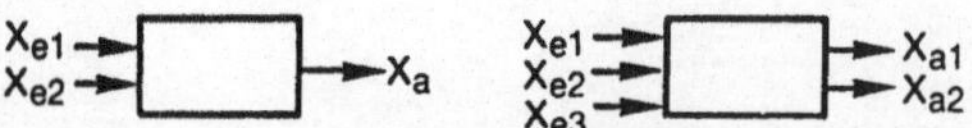

Bild 1.1 Blockdarstellung eines Übertragungsgliedes
$x_{e1,2..}$ Eingangsgrößen
$x_{a1,2..}$ Ausgangsgrößen

Bild 1.2 Kettenstruktur eines Wirkungsablaufes

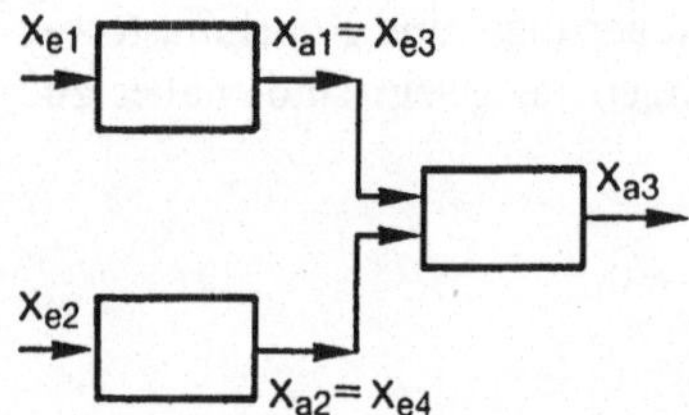

Bild 1.3 Parallelstruktur eines Wirkungsablaufes

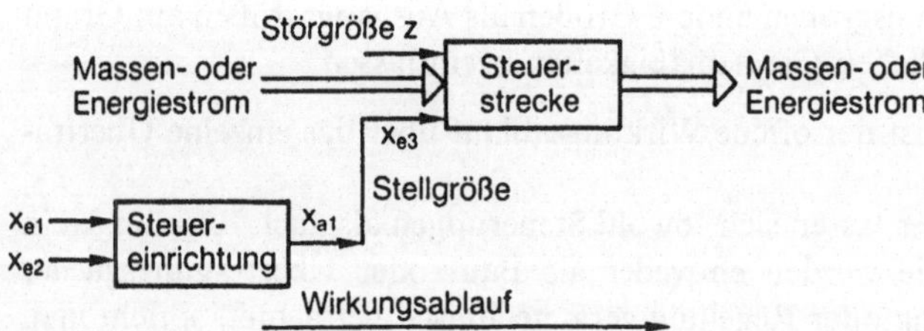

Bild 1.4 Prinzipschema einer Steuerung

Die in Bild 1.4 dargestellte Steuerung zeigt in der Blockdarstellung die Unterscheidung der Steuerkette in Steuerteil und Steuereinrichtung. Diese Gliederung läßt sich noch weiter differenzieren (Bild 1.5),

gerätemäßig in Eingabe- oder Signalglied, Steuer- oder Verarbeitungsglied, Stellglied mit Stellantrieb und Antriebsglied, und nach dem Signalfluß in Signaleingabe, Signalverarbeitung und Signalausgabe.

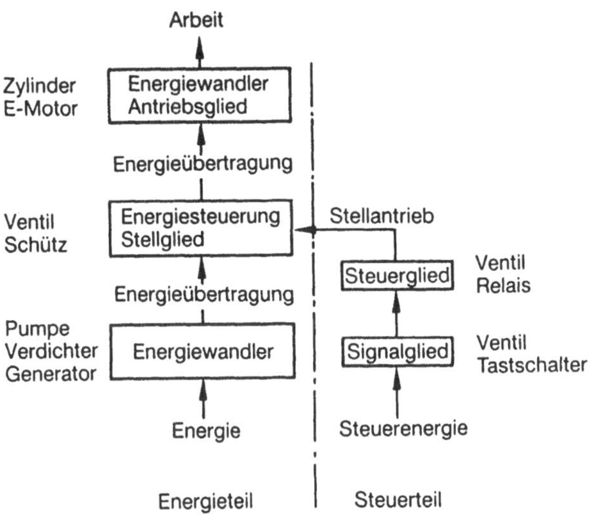

Bild 1.5 Aufbau einer Steuerkette

Dabei wurde nur der Steuerteil bzw. die Steuereinrichtung betrachtet, die über den Stellantrieb als Signalausgabe die Steuerstrecke, also den Energie- oder Arbeitsteil, über das Stellglied steuert. Diese Trennung in Energie- und Steuerteil hat eine Vielzahl von Vorteilen und ist deshalb industriemäßiger Standard. Gleichgültig, ob der Energieteil elektrisch, hydraulisch oder pneumatisch betrieben wird, kann der Steuerteil gleich sein. Er wird bei den vorgenannten Steuerungen je nach Größe und Umfang als verbindungsprogrammierte Relaissteuerung oder als speicherprogrammierbare elektronische Steuerung ausgeführt. Allgemein unterscheidet man auch noch in Steuerungen ohne Hilfsenergie und in Steuerungen mit Hilfsenergie. Nach DIN 19226 sind sie wie folgt definiert:

> Bei einer Steuerung ohne Hilfsenergie wird die zum Verstellen des Stellglieds erforderliche Leistung vom Eingabeglied der Steuerungeinrichtung aufgebracht.
>
> Bei einer Steuerung mit Hilfsenergie wird die zum Verstellen des Stellglieds erforderliche Leistung ganz oder zum Teil von einer Hilfsenergiequelle geliefert.

Elektropneumatische und elektrohydraulische Steuerungen sind in aller Regel Steuerungen mit Hilfsenergie.

Aus der grundsätzlichen Betrachtung der Steuerungen ist eindeutig erkennbar, daß es sich beim Steuerteil der elektropneumatischen und elektrohydraulischen Steuerungen um elektrische Kontaktsteuerungen oder elektronische Steuerungen handelt. Die Verknüpfung mit dem pneumatischen oder hydraulischen Energieteil erfolgt über den Stellantrieb des Stellglieds, also in der Regel über ein Wegeventil, mit dem die fluidischen Größen Volumenstrom und Durchflußrichtung gesteuert werden. Als Stellantriebe werden fast ausschließlich Magnete verwendet. Aber auch der Druck in einem fluidischen System muß mit Hilfe magnetbetätigter Druckventile dem Arbeitsprozeß angepaßt werden.

Die Bauglieder des pneumatischen und hydraulischen Teils der Steuerungen werden soweit notwendig im Kapitel 1.3 dargestellt.

Nach DIN 19226 ist die Regelung wie folgt definiert: Die Regelung oder das Regeln ist ein Vorgang, bei dem eine Größe, die zu regelnde Größe (Regelgröße), fortlaufend erfaßt, mit einer anderen Größe, der Führungsgröße, verglichen und abhängig vom Ergebnis dieses Vergleichs im Sinne einer Angleichung an die Führungsgröße beeinflußt wird. Der sich dabei ergebende Wirkungsablauf findet in einem geschlossenen Kreis, dem Regelkreis, statt.

Genau wie bei einer Steuerung wird bei der Regelung über die Regeleinrichtung – vgl. Steuereinrichtung – die Stellgröße und die Stelleinrichtung auf einen Massen- oder Energiestrom eingewirkt (Bild 1.6). Allerdings ist die Stellgröße als Ausgangsgröße der Regeleinrichtung abhängig vom Vergleich der Regelgröße mit der Führungsgröße, also dem Sollwert. Daraus ergibt sich vom Wirkungsablauf her eine Kreisstruktur, der Regelkreis (Bild 1.6).

Im Gegensatz zur Steuerung verursacht die Einwirkung einer oder mehrerer Störgrößen auf die Regelstrecke und die Regeleinrichtung, die zu einer Veränderung der Regelgröße, zu einer Regelabweichung, führen können, eine Reaktion der Regeleinrichtung. Über die Stellgröße Y bringt die Regeleinrichtung die Regelgröße X wieder auf den durch die Führungsgröße W vorgegebenen Sollwert. Verbleibende Abweichungen hängen von der Art der Regelung ab.

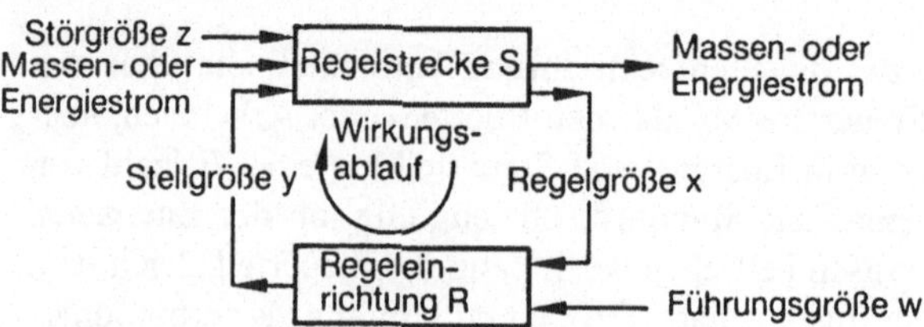

Bild 1.6 Kreisstruktur eines Regelkreises

1.2 Steuerungsarten

Die Unterscheidungsmerkmale der Steuerungen sind in der Norm DIN 19237 definiert. Dabei wird nach vier Kriterien unterschieden:

Nach der Informationsdarstellung in analoge, digitale und binäre Steuerungen. Nach der Signalverarbeitung in synchrone, asynchrone und Ablaufsteuerungen. Nach dem hierarchischen Aufbau in Einzel-, Gruppen-und Leitsteuerungen. Nach der Art der Programmverwirklichung in verbindungs- und speicherprogrammierte Steuerungen.

1.3 Bauglieder pneumatischer und hydraulischer Steuerungen

Der Energieteil pneumatischer und hydraulischer Steuerungen besteht aus einzelnen Baugliedern, die verschiedene Funktionen erfüllen. Man kann sie in drei Hauptgruppen unterteilen:

Geräte zur Energieumformung. Dazu zählen Verdichter, Pumpen, Motoren und Zylinder.
Geräte zur Energiesteuerung und -regelung. Dazu zählen in der Regel alle Ventile.
Geräte und Einrichtungen zur Energieübertragung. Dazu zählen Leitungen mit ihren Verbindungselementen, Speicher, Filter u. a.

Wie schon oben erwähnt, wird der hydraulische oder pneumatische Energieteil über den Stellantrieb der Wegeventile, und bei Proportionalsteuerungen auch über die Betätigungsmagnete der Druckventile, verknüpft.
Ventile haben in der Fluidtechnik folgende Funktionen:
Sie steuern, regeln oder beeinflussen Start, Stop, Richtung, Menge und Druck des Fluids. Bei modernen fluidisch betriebenen Anlagen müssen Richtung, Volumenstrom bzw. Menge und Druck des Fluids von Rechnern oder programmierbaren Steuerungen elektrisch fernbetätigt werden können. Außerdem müssen Menge und Druck für bestimmte Fertigungsprozesse stetig den Verfahrensanforderungen angepaßt werden. Deshalb werden in der Pneumatik und Hydraulik neben den Schaltventilen auch, wenn es verfahrenstechnisch notwendig oder vom Aufwand der Geräte her sinnvoll ist, Stetigventile eingesetzt.

Schaltventile sind digital arbeitende Geräte. Sie können nur diskrete, voneinander getrennte Schaltstellungen einnehmen und werden über Schaltrelais oder kontaktlose Schaltelektronik angesteuert (s. Kap. 4). Aus der Funktion ergeben sich bei den Schaltventilen folgende Bauarten:

Funktion	Bauart
Richtung	
Start, Stop	Wegeventile
Menge	Stromventile
Druck	Druckventile
Richtung	Sperrventile

Stetigventile sind analog arbeitende Geräte, sie wandeln ein elektrisches Eingangssignal stufenlos in ein zum Eingangssignal proportionales, fluidisches Ausgangssignal um. Die fluidischen Ausgangsgrößen Druck und Volumenstrom oder Menge können so stetig den Verfahrenserfordernissen angepaßt werden. Die Ansteuerung der Stetigventile erfolgt durch speziell auf den Ventilantrieb abgestimmte Ansteuerelektronik (s. Kap. 5). Entsprechend den Einsatzkriterien unterscheidet man bei den Stetigventilen noch zwischen Servo- und Proportionalventilen. Die Unterscheidungsmerkmale dieser beiden Ventilbauarten sind in der Tabelle 1.1 gegenübergestellt.
Aus der Funktion ergeben sich bei den Proportionalventilen folgende Bauarten:

Funktion	Bauart
Richtung,	
Start, Stop	Proportional-Wegeventile
Menge	Proportional-Wegeventile
Druck	Proportional-Druckventile

Die Schaltfunktionen der Schaltventile und der Proportionalventile lassen sich aus den Schaltzeichen nach DIN ISO 1219 erkennen.

Tabelle 1.1 Unterscheidungsmerkmale der Stetigventile

Stetigventile → Proportionalventile (→ Proportionalventile ohne el. Rückführung; Proportionalventile mit el. Rückführung; Regelventile mit el. Rückführung); Servoventile mit mech. Rückführung

	Proportionalventile ohne el. Rückführung	Proportionalventile mit el. Rückführung	Regelventile mit el. Rückführung	Servoventile mit mech. Rückführung
Antrieb	direkt oder indirekt durch Proportionalmagnet	direkt oder indirekt durch Proportionalmagnet mit el. Rückführung	direkt oder indirekt durch Proportionalmagnet mit el. Rückführung	durch Torque-Motor
Ventilprinzip	Druckventil Stromventil Wegeventil	Druckventil mit Drucksensor Stromventil mit mech. Druckwaage und el. Wegrückführung Wegeventil mit el. Wegrückführung	wie Prop.-Ventil mit el. Rückführung, jedoch höhere feinmech. Präzision	el. fluidischer Verstärker einstufig oder mehrstufig Wegeventil
Funktionsmerkmale			Überdeckung 0	Überdeckung 0
Hysterese	ca. 5 %	<1 % gute Linearität	<1 % sehr gute Linearität	<3 % sehr gute Linearität
Stellzeit	ca. 60 ms	ca. 30 ms	ca. 30 ms	ca. 10 ms
Grenzfrequenz	ca. 10 Hz	ca. 15 Hz	ca. 15–20 Hz	> 50 Hz
Anwendung vorwiegend	Steuerung	Steuerung	Regelung	Regelung

Tabelle 1.2 Schaltzeichen der Schalt-Wegeventile nach DIN ISO 1219

Schaltzeichen	Benennung
A P	2/2-Wegeventil
A P T	3/2-Wegeventil
A B P T	4/2-Wegeventil
A B P T	4/3-Wegeventil
A B S P T	5/3-Wegeventil

In der Tabelle 1.2 sind die Schaltzeichen für einige Wegeventile zusammengefaßt; Bild 1.7 zeigt das Schaltzeichen für ein monostabiles 4/3-Wegeventil mit zwei Betätigungsarten. Zwei Elektromagnete schalten dieses Ventil in die Stellungen a oder b und zwei Federn stellen es, nach Wegnahme des Erregerstromes, in die Nullstellung zurück.

Die Schaltzeichen nach DIN ISO 1219 für drei Proportional-Wegeventile sind in der Tabelle 1.3, und die für die Proportional-Druckventile sind in der Tabelle 1.4 dargestellt.

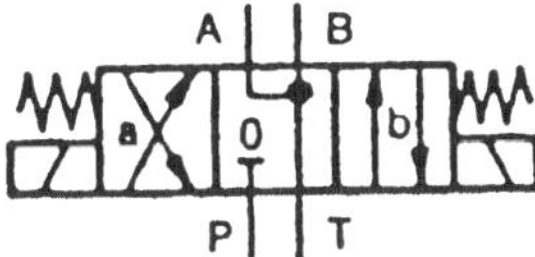

Bild 1.7 Schaltzeichen für ein 4/3-Wegeventil nach DIN ISO 1219

Tabelle 1.3 Schaltzeichen für Proportional-Wegeventile nach DIN ISO 1219

Schaltzeichen	Benennung
a, b	2/2-Proportional-Wegeventil direktgesteuert
A, B	4/3-Proportional-Wegeventil direktgesteuert
A, B, P, T	4/3-Proportional-Wegeventil vorgesteuert (zweistufig)

Tabelle 1.4 Schaltzeichen für Proportional-Druckventile nach DIN ISO 1219

Schaltzeichen	Benennung
	Proportional-Druckbegrenzungsventil vorgesteuert
	Proportional-Druckregelventil vorgesteuert
A, B, Y	Proportional-Druckregelventil mit Druckentlastung, vorgesteuert (Proportional-3-Wege-Druckregelventil)

2 Betätigungsmagnete für Schaltventile

Betätigungsmagnete sind Bauelemente, in denen mittels einer Erregerwicklung über einen ferromagnetischen Kreis ein elektromagnetisches Feld aufgebaut wird. Dieses übt auf ein bewegliches Teil aus weichmagnetischem Stoff eine Kraft aus, die eine rotorische, translatorische oder kippende Bewegung erzeugen kann. Gehört dieses bewegliche Teil zum magnetischen Kreis, nennt man es Magnetanker.

Eine Gesamtübersicht über die Elektromagnete ist in Tabelle 2.1 dargestellt. Für den Antrieb der Hydraulik- und Pneumatikventile kommen nur Betätigungsmagnete in den verschiedensten Ausführungen in Betracht. In der Regel müssen sie eine begrenzte Längsbewegung ausführen können.

Zwei Elektromagnettypen, mit denen je nach konstruktiver Gestaltung begrenzte translatorische Bewegungen erreicht werden können, unterscheidet man:

Wechselstrommagnete und Gleichstrommagnete.

Tabelle 2.1 Übersicht der Elektromagnete

Elektromagnete	ankerlose Elektromagnete	elektromagnetische Spanngeräte, Haftmagnete
		Magnetscheider
		Lasthebemagnete
	Betätigungsmagnete	Hubmagnete
		Drehmagnete
		Schwingmagnete
	Kraftübertragungsmagnete	elektromagnetische Kupplung
		elektromagnetische Bremse

Die Übersicht in Tabelle 2.2 zeigt die wesentlichen Unterscheidungsmerkmale zwischen diesen beiden Magnettypen.

Grundsätzlich werden an alle Elektromagnete folgende Anforderungen gestellt:

Die Luftspaltinduktion bzw. die Induktion an den Polflächen muß möglichst groß sein.

Das Magnetmaterial darf bei der Betätigung nicht voll gesättigt werden.
Die geforderte Kraft soll mit einem Minimum an Energieaufwand, bei kleinem Bauvolumen und geringen Kosten erreicht werden.

Für die Betätigungsmagnete der Hydraulik- und Pneumatikventile gilt außerdem:

Anpassung an die äußere Belastung, z. B. an konstante Last, an lineare Federkraft oder an Belastungen, die vom Hubweg abhängig sind.
Viele Lastspiele (Schaltwechsel) und große Lebensdauer.
Kurze Schaltzeit.
Keine unzulässige Erwärmung bei den Betriebsarten
Dauerbetrieb DB, Aussetzbetrieb AB und Kurzzeitbetrieb KB

Tabelle 2.2 Wesentliche Unterscheidungsmerkmale zwischen Gleichstrom- und Wechselstrommagnet

	Gleichstrommagnet	Wechselstrommagnet
Eisenverluste	keine •	Wirbelstrom- und Hystereseverluste
Magnetfluß	abhängig vom Luftspalt	unabhängig vom Luftspalt •
Magnetkern	massives Weicheisen •	geschichtete Bleche (Schicht- und Nietarbeit erforderlich)
Strom	nur abhängig vom Wicklungswiderstand •	im wesentlichen abhängig von der Induktivität
Maximalstrom	erst in der Endstellung	in der Anfangsstellung •
Schaltzeit	recht groß, daher Anzugsverkürzung nötig	normalerweise kurz •
Lichtbogenlöschung	Schutz der Erregerwicklung und des Schaltkontaktes nötig	selbstlöschender Lichtbogen •
Lebensdauer (bezogen auf die Anzahl der Schaltungen)	um den Faktor 10 größer als beim Wechselstrommagnet •	begrenzt, weil Schichtkernpaket sich lockert, Überhitzungsgefahr beim Verklemmen
Stromart	Gleichrichter nötig bei Wechselstromquelle	Gleichrichter entfällt •

• bedeutet Vorteil

2.1 Das magnetische Feld

Das magnetische Feld ist ein Raum, in dem magnetische Kräfte wirksam sind, das sind Kraftwirkungen auf Magnetpole oder stromdurchflossene Leiter und Induktionswirkung auf bewegte Leiter im Magnetfeld. Das magnetische Feld ist gekennzeichnet durch die magnetische Feldstärke H und durch die von dieser bewirkten magnetischen Induktion B. Beide sind Vektoren, deren Richtung durch Feldlinien veranschaulicht wird.

Durchflutung (Bild 2.1)

$\Theta = N \cdot I$ — Θ in A (Ampere)
I Strom in A
N Windungszahl

Anmerkung: Die Durchflutung Θ wird vielfach auch in A · W (Ampere × Windungen) angegeben.

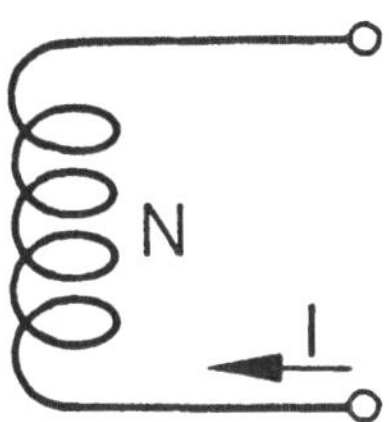

Bild 2.1
Durchflutung

Magnetische Feldstärke (magnetische Erregung Bild 2.2)

$$H = \frac{N \cdot I}{l}$$

H magnetische Feldstärke in A/m
N Windungszahl
I Strom in A
l mittlere Feldlänge in m

$$H = \frac{\Theta}{l}$$

Θ Durchflutung in A

Magnetischer Fluß und magnetische Flußdichte (Bild 2.3)

Der magnetische Fluß Φ ist dieSumme aller gedachten bzw. vorhandenen Feldlinien. Die magnetische Flußdichte B ist die Anzahl der Feldlinien pro Flächeneinheit, die senkrecht durch die Fläche hindurchführen.

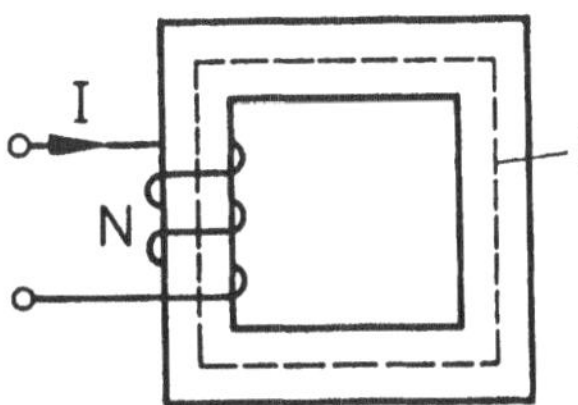

Bild 2.2 Magnetische Feldstärke

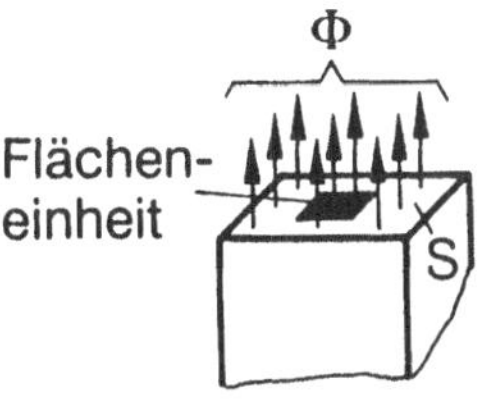

Bild 2.3 Magnetischer Fluß

$$B = \frac{\Phi}{A}$$

B magnetische Flußdichte in T(Tesla)
$T = 1\ V \cdot s/m^2$
Φ magnetischer Fluß in Wb (Weber)
$Wb = 1\ V \cdot s$
A Fläche in m^2

Das Verhältnis von magnetischer Flußdichte zu magnetischer Feldstärke im leeren Raum ist die magnetische Feldkonstante μ_o.

$$\mu_o = \frac{B}{H}$$

H magnetische Feldstärke in A/m
μ_o magnetische Feldkonstante
$\mu = 1{,}2566 \cdot 10^{-6}$ Vs/Am

Für Spulen ohne Eisenkern (Luftspulen) gilt:

$$B = \mu_o \cdot H$$

Ferromagnetische Stoffe vervielfachen das Magnetfeld einer Spule um den Faktor μ_r (Permeabilitätszahl). Das Produkt aus der magnetischen Feldkonstanten und der Permeabilitätszahl ergibt die Permeabilität μ.

$$\mu = \mu_o \cdot \mu_r$$

Für Spulen mit Eisenkern gilt:

$$B = \mu \cdot H$$

Für Luft ist die Permeabilitätszahl $\mu_r \approx 1$, die Permeabilität ist konstant. Dagegen ist die Permeablität μ eines Eisenkerns nicht konstant, sie verändert sich mit der Feldstärke. Der Zusammenhang zwischen magnetischer Feldstärke und Flußdichte wird in Magnetisierungskennlinien dargestellt (Bild 2.4) bzw. direkt angegeben (Bild 2.5).

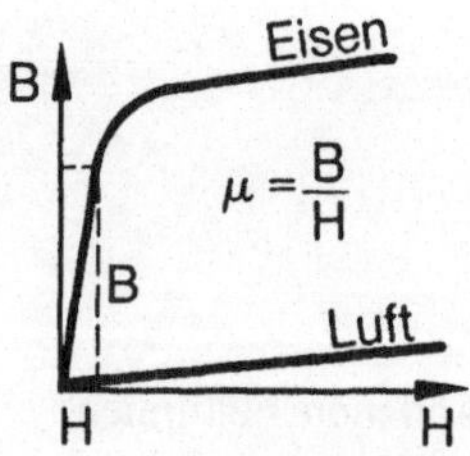

Bild 2.4
Magnetisierungskennlinien

Ummagnetisierungskennlinie (Hysteresekurve Bild 2.6)

Die Ummagnetisierungskennlinie stellt den Zusammenhang zwischen der Feldstärke H und der Flußdichte B beim Ummagnetisieren dar. Diese Kennlinie wird auch als Hysteresekurve oder -schleife bezeichnet. Sie zeigt, daß eine Remanenz (Restmagnetismus) B_r zurückbleibt, obwohl die magnetische Feldstärke Null ist. Die entgegengesetzt gerichtete Feldstärke, die notwendig ist, um die Remanenz zu beseitigen, ist die Koerzitivfeldstärke H_c. Die von der Hystereschleife eingeschlossenen Fläche entspricht den Verlusten bei der Ummagnetisierung. Daraus ergeben sich an die Magnetwerkstoffe folgende Anforderungen.

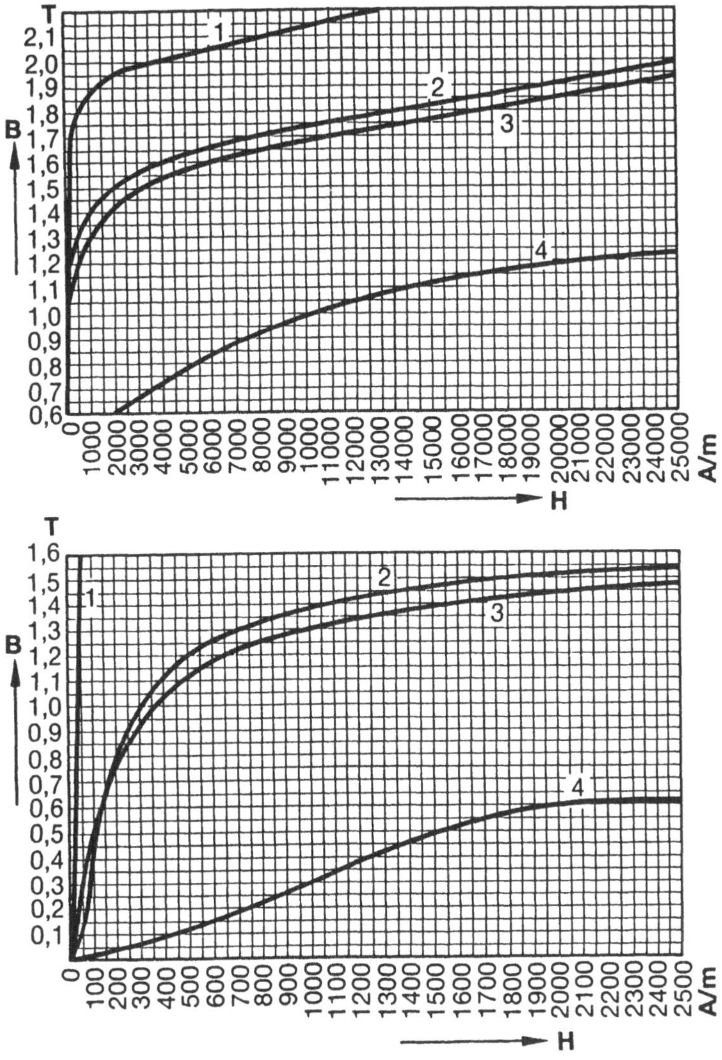

Bild 2.5 Magnetisierungskennlinien für
1 kornorientiertes Blech in Walzrichtung magnetisiert
2 Dynamoblech und Stahlguß
3 legiertes Blech
4 Gußeisen

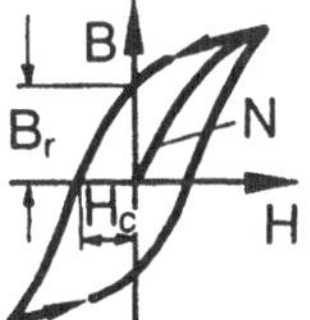

Bild 2.6
Ummagnetisierungskennlinie (Hysteresekurve)

Für Elektromagnete:

Werkstoffe mit geringer Remanenz, geringer Koerzitivfeldstärke und großer Permeabilitätszahl.

Für Dauermagnete:

Werkstoffe mit großer Remanenz und Koerzitivfeldstärke

Magnetischer Widerstand und Leitwert

$$R_m = \frac{\Theta}{\Phi} = \frac{l}{\mu \cdot S}$$

$$\Lambda = \frac{1}{R_m} = \frac{\mu \cdot S}{l}$$

$$\Phi = \Theta \cdot \Lambda$$

R_m magnetischer Widerstand in A/Wb

Θ Durchflutung in A

Φ magnetischer Fluß in Wb
l mittlere Feldlinienlänge in m
μ Permeabilität in Wb/A · m
A Fläche in m²
Λ magnetischer Leitwert in Wb/A

Magnetischer Kreis mit Luftspalt (Bild 2.7)

$$R_{m\,ges} = R_{m\,Fe} + R_{m\,Luft}$$
$$V_{ges} = V_{Fe} + V_{Luft}$$
$$\Theta = H_{Fe} \cdot l_{Fe} + H_{Luft} \cdot l_{Luft}$$

R_m magnetischer Gesamtwiderstand in A/Wb
R_{mFe}, R_{mLuft} Magnetische Einzelwiderstände
V_{ges} magnetische Gesamtspannung in A
V_{Fe}, V_{Luft} magnetische Teilspannungen
Θ Durchflutung in A
H_{Fe}, H_{Luft} magnetische Feldstärke in A
l_{Fe}, l_{Luft}, mittlere Feldlinienlängen in m

Kraft im Magnetfeld

Ein Elektromagnet mit einem Eisenquerschnitt erzeugt in unmittelbarer Polnähe eine Luftspaltinduktion von $B = 1{,}5 \cdot T$.

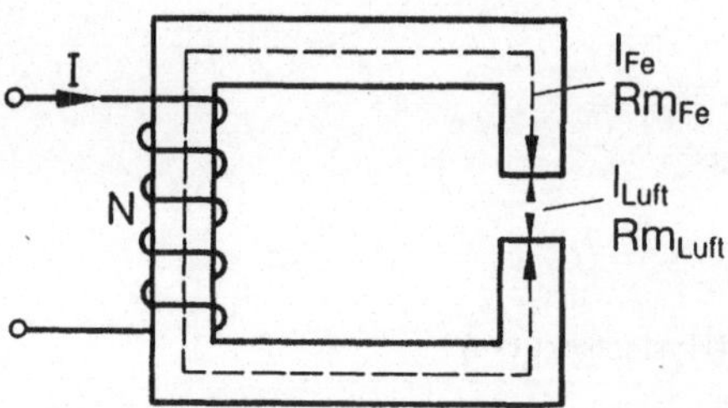

Bild 2.7
Magnetischer Kreis mit Luftspalt

Daraus läßt sich die Kraft bestimmen, mit der ein Weicheisenstück angezogen wird.

$$F = \frac{B^2 \cdot S}{2 \cdot \mu_o}$$

F	Kraft in N
μ_o	magnetische Feldkonstante
B	magnetischer Fluß in T
S	Fläche in m^2

Als Magnetkraft F bezeichnet man den um die Reibung verminderten Teil, der in Hubrichtung wirkenden, vom Magneten erzeugten mechanischen Kraft. Bei der Hubkraft wird zur Magnetkraft noch die nach außen wirkende Komponente des Ankergewichts berücksichtigt.

Unter der Haltekraft versteht man beim Gleichstrommagneten die Magnetkraft in der Hubendlage, und beim Wechselstrommagneten den Mittelwert der mit dem Wechselstrom periodisch schwankenden Magnetkraft in Hubendlage.

Die Klebekraft ist die verbleibende Haltekraft, nachdem der Magnet abgeschaltet wurde. Sie ergibt sich aus der Remanenz des Eisens. Die zur Rückführung des Ankers in Hubanfangslage notwendige Kraft bezeichnet man als Rückstellkraft.

Der Magnethub ist der Weg, den der Anker zwischen Hubanfangs- und Hubendlage zurücklegt. Die Hubanfangslage ist die Lage des Ankers vor Beginn der Hubbewegung bzw. nach der Rückstellung, die Hubendlage die nach Beendigung der Hubbewegung.

Die Beziehung zwischen der Magnetkraft und dem Magnethub wird grafisch in der Magnetkraft-Hub-Kennlinie dargestellt (Bild 2.8).

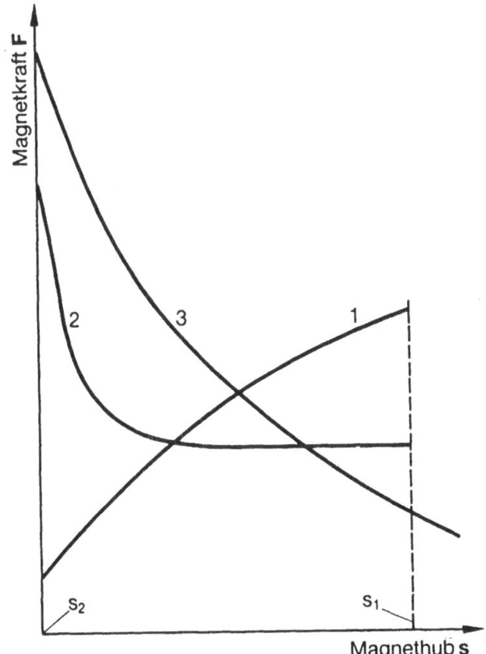

Bild 2.8
Magnetkraft-Hub-Kennlinie

Man unterscheidet dabei

1 fallende,
2 waagrechte und
3 ansteigende Kennlinie

Wicklungsarten

Nach der Wicklung der Betätigungsmagnete unterscheidet man in Geräte (Magnete) mit Spannungswicklung und Stromwicklung, auch kurz Spannungs- und Stromgeräte genannt.

Beim Spannungsgerät fließt ein Strom, der von der Klemmenspannung und dem Erregerwicklungswiderstand und ggf. der Impedanz abhängig ist. Betätigungsmagnete für Schaltventile sind Spannungsgeräte.

Beim Stromgerät wird der Strom, der fließt, von vorgeschalteten Betriebsmitteln bestimmt. Er ist also von der Wicklung im wesentlichen unabhängig.
Betätigungsmagnete für Proportionalventile sind in der Regel Stromgeräte.

2.2 Gleichstrommagnete

Als Betätigungsmagnete für Schaltventile werden Gleich- und Wechselstrommagnete eingesetzt, die sich im Betriebsverhalten wesentlich voneinander unterscheiden. Gleichstrommagnete zeichnen sich durch folgende Eigenschaften aus:

Brummfreie Arbeitsweise.
Hohe Haltekraft.
Abhängigkeit der Stromaufnahme nur vom Leiterwiderstand der Spule, nicht von der Ankerstellung.

Daraus ergibt sich folgendes Betriebsverhalten:

Die Wicklungstemperatur ist unabhängig von der Schaltzahl, erhöht sich also nicht bei steigender Schaltzahl.
Die maximale Schaltzahl wird durch Anzugs- und Abfallzeit bestimmt.
Die Leistungsaufnahme ist unabhängig von der Ankerstellung.

Gleichstrommagnete eignen sich deshalb für Stellantriebe, bei denen die Hublast beliebig positioniert wird.

Im Oszillogramm (Bild 2.9) sind die charakteristischen Verlaufskurven für Strom, Spannung und Hub beim Ein- und Ausschaltvorgang eines Gleichstrommagneten erkennbar.

Die Anzugszeit t_1 und die Abfallzeit t_2 setzen sich aus je zwei Zeitabschnitten zusammen. Beim Einschalten erreicht der Anker nach der Ansprechzeit t_{11} und der Vorlaufzeit t_{12} die Endlage, beim Abschalten nach der Klebezeit t_{21} und der Rücklaufzeit t_{22} wieder die Ausgangslage.

Die Anzugszeit t_1 kann durch Schnellerregung des Gleichstrom-Hubmagneten, d. h. durch eine im Vergleich zur Magnet-Nennspannung U_N erhöhte Netzsspannung U und durch Vorschalten eines Ohmschen Widerstands verkürzt werden. Das Verhältnis der Anzugszeit t_1 bei Schnellerregung zur Anzugszeit t_{1N} bei Nennerregung ist abhängig vom

Verhältnis der Netzspannung U zur Magnetnennspannung U_N (Bild 2.10). Die Größe des vorzuschaltenden Ohmschen Widerstands R_V wird nach folgender Gleichung bestimmt:

$$R_V = R_W \cdot \frac{U \cdot U_N}{U_N}$$

U Netzspannung
U_N Magnetnennspannung
R_W Widerstand des Magneten im betriebswarmen Zustand

Für den Gleichstrommagneten gilt das Ohmsche Gesetz

$$U = R \cdot I$$

$$I = U/R$$

U Spannung in V (Volt)
R Ohmscher Widerstand der Wicklung in Ω (Ohm)
I Strom in A (Ampere).

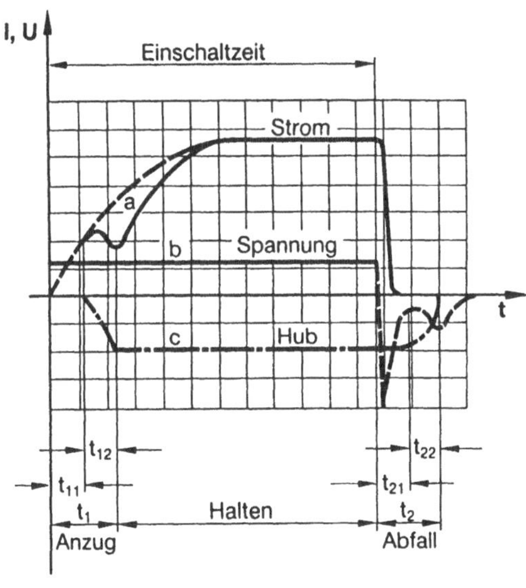

Bild 2.9
Oszillogramm eines Gleichstrommagneten beim Aus- und Einschalten

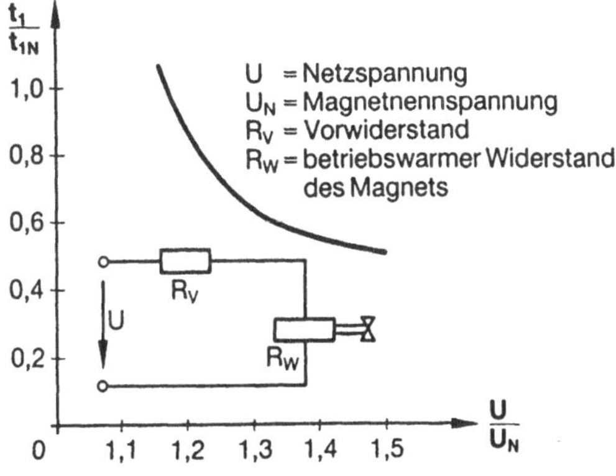

Bild 2.10
Schnellerregung eines Gleichstrommagneten über Vorwiderstand

Die Stromaufnahme ist also abhängig von der angelegten Spannung und dem Ohmschen Widerstand der Wicklung. Beim Einschalten des Magneten wird durch die Induktivität der Wicklung beim Aufbau des magnetischen Feldes eine Gegenspannung induziert, die der angelegten Spannung entgegenwirkt. Dadurch ergibt nach dem Einschalten ein Stromverlauf nach folgender e-Funktion:

$i = I^{(1-e-t/T)}$

i Augenblickswert des Stromes
I Endwert des Stromes
t Zeit
T elektrische Zeitkonstante

Der tatsächliche Stromverlauf (Bild 2.9) weicht geringfügig von dieser Funktion ab, weil während der Ankerbewegung eine zusätzliche Gleichspannung erzeugt wird, durch die der Strom absinkt.

Auf den Stromverlauf ist auch die gedämpfte Schaltbewegung des Gleichstrommagneten zurückzuführen, da die Kraft im Magnetfeld und damit die Zugkraft eines Magneten proportional zum Erregerstrom im Quadrat verläuft.

Die Zugkraft ist aber auch abhängig vom Magnethub und von der konstruktiven Gestaltung der Polflächen des Magnetankers und des Magnetkerns. Die Relation dieser Größen zueinander läßt sich am besten durch Zugkraftkennlinien (Bild 2.11) darstellen. Deutlich sichtbar ist, daß durch entsprechende konusförmige Ausbildung der Polflächen der Zugkraftverlauf beeinflußt wird.

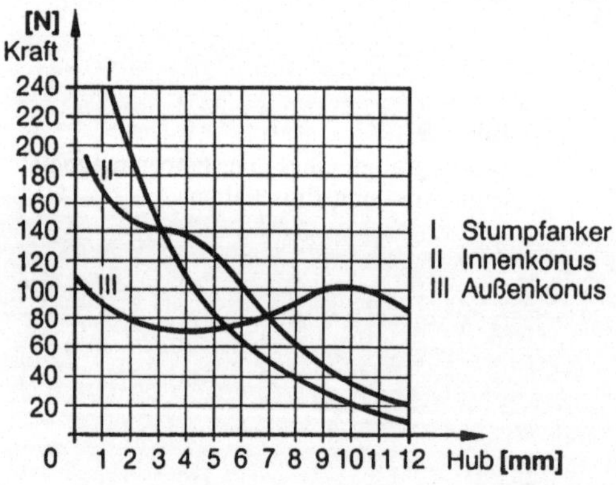

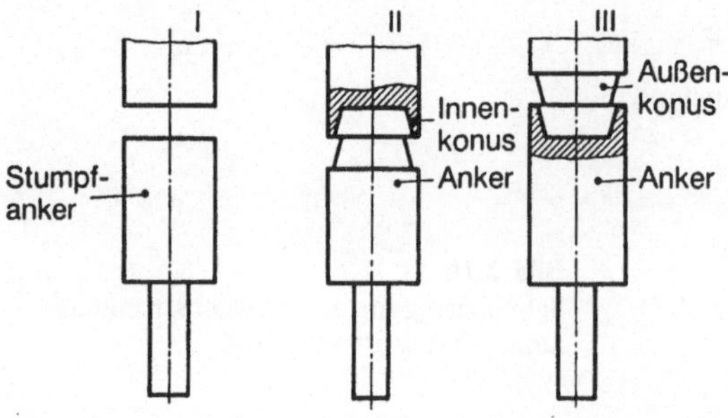

Bild 2.11
Zugkraftkennlinien für verschieden gestaltete Polflächen des Magnetankers und -kerns

Eine Erhöhung der Magnetzugkraft, die oftmals beim Einschaltvorgang von Ventilen notwendig ist, um nicht einen größeren und damit stärkeren Magneten einbauen zu müssen, kann auch durch kurzzeitige Übererregung der Magnetspule erreicht werden. Diese Übererregung und damit die Zugkrafterhöhung wird durch eine Phasenanschnittsteuerung mit einem Thyristorschalter erreicht, der die Aufgabe hat, im Moment des Einschaltens kurzzeitig eine im Verhältnis zur Magnetnennspannung hohe Spannung abzugeben (Bild 2.12). Er wird mit einer Spannung von 220 V, 50 Hz betrieben und gibt ca. 800 ms eine Spannung von ca. 96 V ab, danach schaltet er auf die Nennspannung 24 V um (Bild 2.13). Die Ausgangsspannung ist eine pulsierende Gleichspannung, die durch die Gleichrichterwirkung des Thyristors erreicht wird. Die Minderung der Spannung wird über Phasenanschnitt erreicht, ein fest eingestelltes RC-Glied gibt die Spannung von 96 V vor. Die Umschaltung auf 24 V wird ebenfalls durch ein festes RC-Glied bestimmt. Durch ein Potentiometer ist es möglich, diese Spannung durch Verschiebung des Zündzeitpunkts des Thyristors in Grenzen zu verändern. Diese Ausgangsspannung liegt solange an, wie der Thyristorschalter an Spannung liegt. Bei Wegnahme der Speisespannung und Wiedereinschaltung wiederholt sich der ganze Vorgang wie beschrieben.

Um den Thyristorschalter nicht nur für Ohmsche, sondern auch für induktive Verbraucher einsetzen zu können, ist eine Leerlaufdiode eingebaut, um den Thyristor vor Spannungsspitzen, die beim Ausschalten eines induktiven Verbrauchers entstehen, zu schützen.

Steht kein Gleichstromnetz zur Verfügung, dann können Gleichstrommagnete durch Vorschalten eines Brückengleichrichters auch mit Wechselstrom betrieben werden (Bild 2.14). Dabei ist darauf zu achten, ob wechselstromseitig oder gleichstromseitig abgeschaltet werden soll.

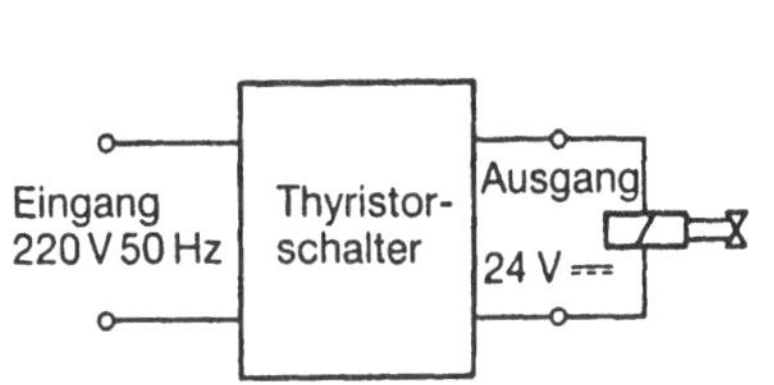

Bild 2.12 Thyristorschalter zur Zugkrafterhöhung

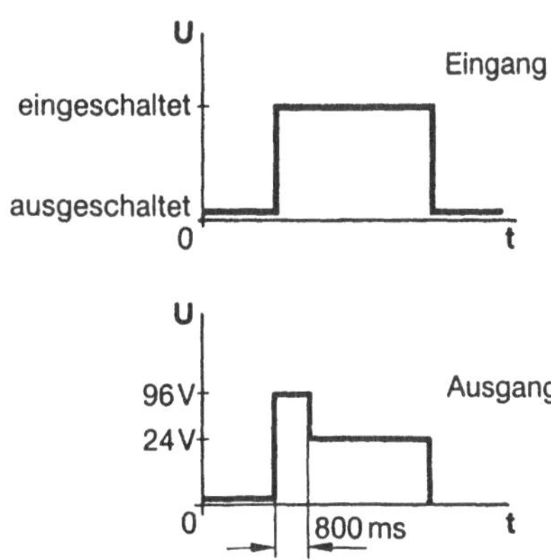

Bild 2.13 Spannungsverlauf am Ein- und Ausgang eines Thyristorschalters

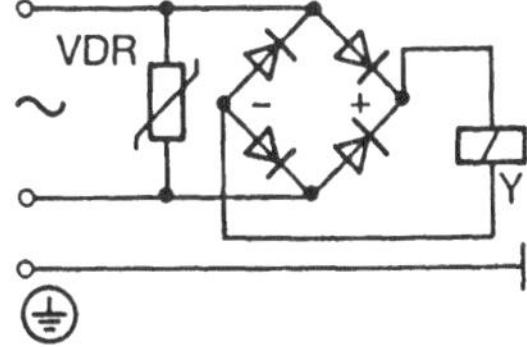

Bild 2.14 Brückengleichrichter

Bei wechselstromseitiger Abschaltung ergeben sich längere Abfallzeiten, aber nur geringe Abschaltüberspannungen.

Bei gleichstromseitiger Abschaltung entstehen dagegen hohe Abschaltüberspannungen, die durch den Abbau der in der Spule gespeicherten magnetischen Energie auftreten. Sie können reduziert werden durch

einen Ohmschen Parallelwiderstand,
einen spannungsabhängigen Widerstand (Varistor),
eine Diode oder
einen Löschlogikbaustein (Bild 2.15).

Mit Hilfe eines Ohmschen Parallelwiderstandes (Bild 2.15a) wird die Spannungsspitze bedingt gedämpft. Sie wird umso kleiner, je niedrigohmiger der Widerstand ist. Durch die Stromaufnahme des Widerstandes entsteht allerdings ein Leistungsverlust.

Beim spannungsabhängigen Widerstand, dem Varistor (Bild 2.15b), ist bei anliegender Spannung ein hoher Widerstand vorhanden. Steigt die Spannung im Abschaltpunkt auf das Vielfache der Nennspannung an, dann wird der Varistor entsprechend niederohmig und die Abschaltspannungsspitze bricht zusammen. Die dabei entstehende Schaltzeitverlängerung ist unbedeutend. Der Varistor ist außerdem geeignet, Siliziumgleichrichter vor hohen Netzspannungsspitzen zu schützen.

Auch mit einer Diode (Bild 2.15d) kann die Abschaltüberspannung gedämpft werden. Schaltet man dazu einen Widerstand in Reihe (Bild 2.15c) kann die Dämpfung beeinflußt werden. Allerdings muß dann eine Abfallverzögerung in Kauf genommen werden.

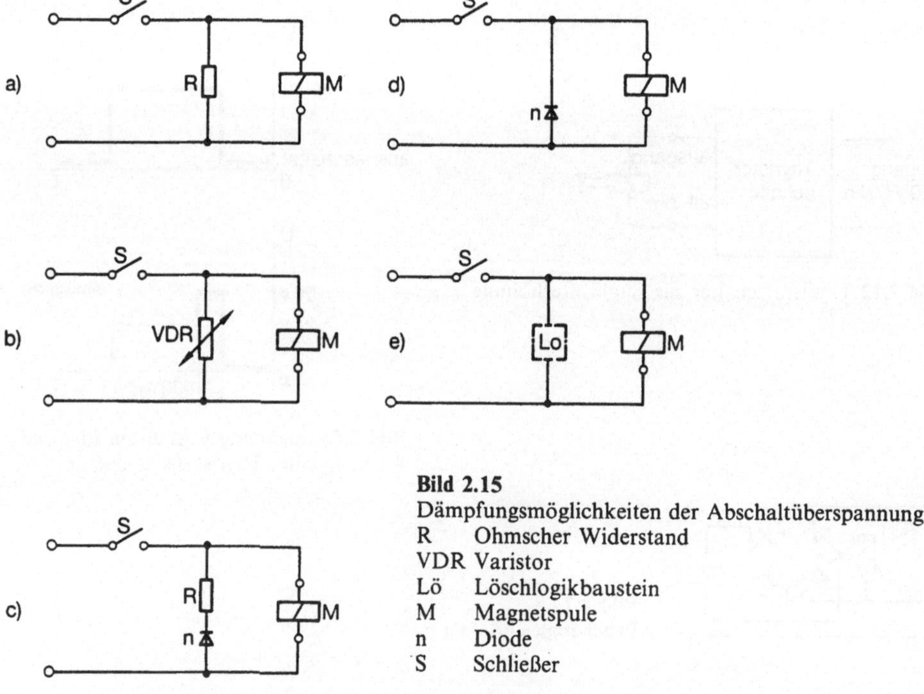

Bild 2.15
Dämpfungsmöglichkeiten der Abschaltüberspannung
R Ohmscher Widerstand
VDR Varistor
Lö Löschlogikbaustein
M Magnetspule
n Diode
S Schließer

Löschlogikbausteine sind eine neue Art, Abschaltüberspannungen zu dämpfen. Auch die Abfallverzögerung wird auf ein Minimum reduziert, allerdings muß der Baustein an die vorliegenden Verhältnisse genau angepaßt werden.

Bei der Unterbrechung eines Stromkreises mit Induktivität, d. h. beim Öffnen eines Schaltkontaktes, entsteht beim Abbau der magnetischen Energie durch Selbstinduktion eine Spannung. Diese verursacht an den Kontaktflächen einen Funken oder Lichtbogen, durch den die Lebensdauer des Schaltkontaktes wesentlich vermindert wird.

Bei Gleichstrom kann eine Diode verwendet werden, die so geschaltet ist, daß sie von der beim Ausschalten enstehenden Spannung durch Selbstinduktion in Durchlaßrichtung beansprucht wird. Diese Schaltung hat den Vorteil, daß bei geschlossenem Stromkreis kein Parallelstrom fließen kann, da dann die Diode in Sperrichtung gepolt ist.

Am gebräuchlichsten ist aber die Funkenlöschung mit einem Kondensator, der sich beim Öffnen des Kontakts auflädt und beim Schließen entlädt. Um zu verhindern, daß durch einen zu hohen Entladestrom die Kontaktflächen zusammenschweißen, wird dem Kondensator ein Widerstand vorgeschaltet (Bild 2.16). Diese RC-Funkenlöschkombination wird bevorzugt parallel zum Kontakt geschaltet, weil dadurch die kleinsten Funkstörungen auftreten.

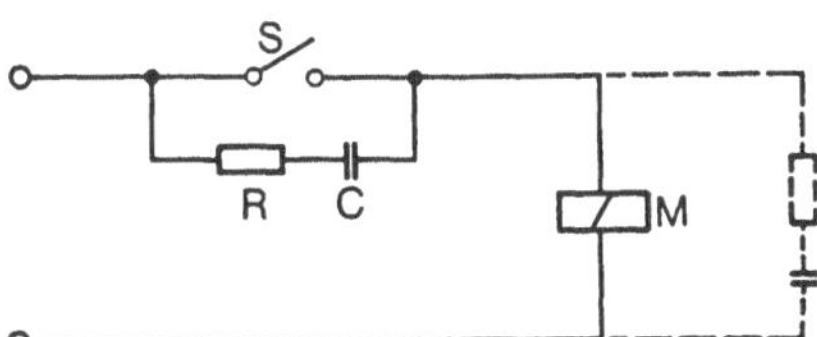

Bild 2.16
Funkenlöschung mit RC Glied

2.3 Wechselstrommagnete

Der Wechselstrommagnet unterscheidet sich in seinem Betriebsverhalten und damit in seinen Eigenschaften wesentlich vom Gleichstrommagneten.

Die Stromaufnahme des Wechselstrommagneten ist von der Ankerstellung abhängig. Beim Einschaltvorgang steigt der Strom, je nach Hub, auf den zwei- bis sechsfachen Wert des Nennstromes an, erst in Endstellung des Ankers geht der Strom auf den Nennwert zurück. Auf diese Weise wird auch bei größerem Hub eine relativ große Kraft erreicht. Der Magnetanker wird stärker beschleunigt, es werden kürzere Schaltzeiten erreicht.

Für die Stromaufnahme eines Wechselstrommagneten ist der Scheinwiderstand Z, der von der Induktivität L der Spule abhängt, bestimmend. Diese wiederum ist keine konstante Größe, sondern vom Luftspalt und damit von der Ankerstellung des Magneten abhängig.

Für die Stromaufnahme gilt:

$I = U/Z$

I Stromaufnahme in A
U Spannung in V
Z Scheinwiderstand in Ω

Für den Scheinwiderstand Z oder die Impedanz eines Wechselstrommagneten gilt:

$Z = \sqrt{R^2 + (\omega \cdot L)^2}$ R Ohmscher Widerstand in Ω
ω Kreisfrequenz in 1/s
$\omega = 2 \cdot \pi \cdot f$ L Induktivität in H
f Frequenz in Hz

Die Spannung U, die Kreisfrequenz ω und der Ohmsche Widerstand R können als konstante Größen betrachtet werden. Bei großem Luftspalt, also großem Hub des Magnetankers, ist die Induktivität klein, die Stromaufnahme also größer. Bei kleinem Luftspalt, wenn der Anker ganz angezogen ist, ist die Induktivität größer und die Stromaufnahme kleiner. Mit der Erhöhung der Schalthäufigkeit, einer Überbelastung des Magneten oder beim Verklemmen des Ankers steigt die Stromaufnahme und damit die Temperatur der Wicklung, was insbesondere in den beiden letzten Fällen zur übermäßigen Erwärmung und damit zur Zerstörung der Wicklung führt. Beim Anschluß eines Wechselstrommagneten an ein Wechselstromnetz mit höherer Frequenz resultiert daraus eine geringere Zugkraft, und zwar nach folgender Gesetzmäßigkeit:

$F_l = F_N \cdot (f_N)^2/f_l$ F_l Zugkraft bei abweichender Frequenz
F_N Zugkraft bei Nennfrequenz
f_N Nennfrequenz
f_l abweichende Frequenz

Der Anschluß eines Magneten für 40 Hz an ein Wechselstromnetz mit 60 Hz hätte einen Zugkraftabfall von ca. 30% zur Folge. Beim Anschluß an ein Netz mit niedrigerer Frequenz wird zwar eine größere Zugkraft erreicht, jedoch wird der Magnet infolge einer höheren Stromaufnahme thermisch überbelastet und die Wicklung bei Dauerbetrieb durchbrennen. Die Anpassung des Magneten an die Frequenz des Wechselstromnetzes ist deshalb zwingend notwendig.

Durch den sinusförmig verlaufenden Strom ergibt sich beim Wechselstrommagneten keine gleichbleibende Kraftwirkung, die Magnetkraft wechselt zwischen Null und dem Maximalwert, so daß der Magnetanker bei Belastung der Frequenz folgend von der Polfläche abhebt. Dadurch ergibt sich eine starke Geräuschentwicklung, ein typisches Brummgeräusch. Damit die magnetische Kraftwirkung nicht auf Null absinken kann, wird im Anker oder in der Gegenfläche ein sog. Kurzschlußring eingebaut. In diesem wird beim Nulldurchgang des Stromes eine Spannung induziert. Durch den dabei entstehenden Strom im Kurzschlußring wird ein schwaches Magnetfeld aufgebaut, das ausreicht, den Magnetanker in seiner Stellung zu halten, und damit das Brummgeräusch zu verhindern.

Beim Einsatz von Wechselstrommagneten als Ventilantriebe sind also folgende Bedingungen zu beachten:

Die Hubbewegung darf weder begrenzt noch verzögert werden. Der Anker muß ungehindert bis zur Berührung mit dem Magnetkern anziehen können.
Der Magnet muß auch vor kurzfristiger Überlastung geschützt werden.
Beim Betrieb eines Magneten gegen eine Feder muß die Magnetkraftkennlinie stets über der Federkennlinie liegen (Bild 2.17).

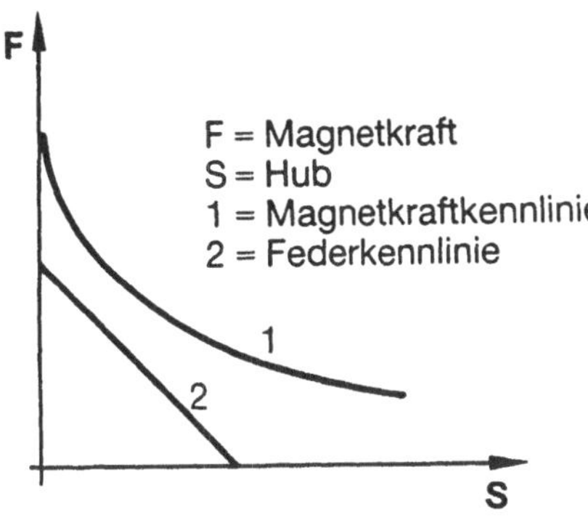

Bild 2.17
Magnetkraft/Federkennlinie

2.4 Bauformen und Anschlußarten

Die Magnetsysteme für die Betätigungsmagnete werden entweder in Kunststoff- oder Metallgehäuse eingebaut, wobei das Gehäuse selbst ein Teil des Magnetkreises bildet. Kleinere Magnetsysteme werden auch mit Kunststoff ummantelt.

Betätigungsmagnete für Ventile werden entweder mit geschlossenem, druckdichtem oder mit offenem Magnetankerraum hergestellt. Bei der geschlossenen Ausführung arbeitet der Magnetanker in einer Führungsbüchse, der sog. Magnetschlußhülse, durch die auch, z. B. bei einem 3/2-Wege-Vorsteuerventil, das vom Ventil zu steuernde Fluid strömt. Diese Magnetschlußhülsen bilden auch den magnetischen Übergang der Feldlinien vom Magnetjoch oder -gehäuse zum Magnetanker. Sie sind bei größeren Magneten dreiteilig und haben im Arbeitsluftspalt des Magnetkreises ein nicht magnetisierbares Zwischenstück aus austenitischem Stahl oder Messing, damit durch einen magnetischen Nebenschluß kein Zugkraftverlust auftritt. Bei kleinen Magneten werden auch einteilige Magnetschlußhülsen aus nicht magnetisierbarem Werkstoff und dünner Wandstärke $\leq 0{,}5$mm verwendet.

Je nach Hub- und Zugkraftrichtung werden Einfachhubmagnete, Umkehrhubmagnete ohne und Doppelhubmagnete mit Nullstellung eingesetzt.

Beim Einfachhubmagnet erfolgt die Hubbewegung von der Hubanfangs- in die Hubendlage durch elektromagnetische, und die Rückstellung durch äußere Kräfte (Bild 2.18). Je nach Kraftrichtung des Magnetankers unterscheidet man zwischen ziehender und drückender Ausführung. Beim Umkehrhubmagnet ohne Nullstellung, der mit zwei Erregerspulen ausgestattet ist, erfolgt die Hubbewegung von einer Hubendlage in die andere und umgekehrt (Bild 2.19). Die Hubendlage für die eine Richtung ist gleichzeitig die Hubanfangslage für andere Richtung.

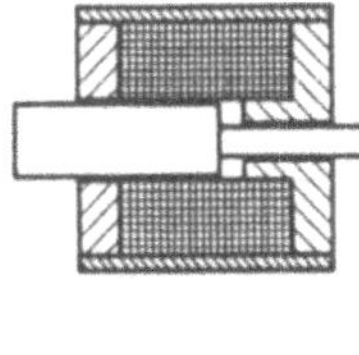

Bild 2.18 Einfachhubmagnet

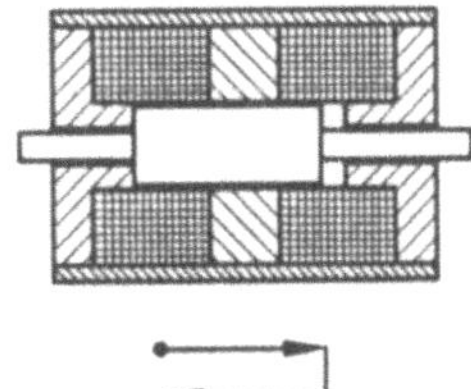

Bild 2.19 Umkehrhubmagnet ohne Nullstellung

Beim Doppelhubmagnet mit Nullstellung, der ebenfalls mit zwei Erregerspulen ausgestattet ist, erfolgt die Hubbewegung je nach Erregung in die eine oder andere Richtung (Bild 2.20). Die Rückstellung in die Nullstellung, die gleichzeitig Hubanfangslage für beide Richtungen ist, wird durch äußere Kräfte bewirkt.

Bild 2.20
Doppelhubmagnet mit Nullstellung

Die gebräuchlichsten Anschlußarten für Betätigungsmagnete sind

Klemmen,
Gerätesteckvorrichtungen und
direkter Kabelanschluß (Kabelschwanz).

Beim Klemmenanschluß wird das Anschlußkabel durch eine Verschraubung in den Anschlußraum geführt. Die Anschlußdrähte werden dort an die entsprechenden Klemmen angeschlossen.

Gerätesteckverbindungen nach DIN 43650 Ausführung A oder B sind die gebräuchlichsten Anschlußarten für Betätigungsmagnete.

Bei kleinen Magneten ist es aus Platzgründen oft nicht möglich, einen Anschlußraum für Klemmen oder eine Gerätesteckvorrichtung unterzubringen. In diesem Fall wird ein entsprechend langes Kabelstück, ein sog. Kabelschwanz, direkt von der Spule als Anschlußmöglichkeit bereitgestellt.

2.5 Betriebsarten

Die Betätigungsmagnete werden in der Regel für drei Betriebsarten, den Dauerbetrieb (DB), den Aussetzbetrieb (AB) und den Kurzzeitbetrieb (KB) ausgelegt.

Beim Dauerbetrieb ist die Einschaltdauer so lang, daß die Beharrungstemperatur des Magneten erreicht wird. Die relative Einschaltdauer ED beträgt 100%.

Beim Aussetzbetrieb wechseln Einschaltdauer und stromlose Pause in regel- oder unregelmäßiger Folge, wobei die Pausen so kurz sind, daß die Magnettemperatur immer über der Bezugstemperatur liegt, die relative Einschaltdauer liegt unter 100%.

Beim Kurzzeitbetrieb ist die Einschaltdauer so kurz, daß die Beharrungstemperatur nicht erreicht wird, und die Pausen so lang, daß der Magnet auf die Bezugstemperatur abkühlt.

Die relative Einschaltdauer wird in Prozent ausgedrückt (%ED) und ergibt sich aus dem Verhältnis von Einschaltdauer zu Spieldauer

$$\%ED = (\text{Einschaltdauer}/\text{Spieldauer}) \cdot 100$$

Die Einschaltdauer ist die Zeit zwischen Ein- und Ausschalten des Erregerstroms, die Spieldauer die Summe der Zeiten aus Einschaltdauer und stromloser Pause (Bild 2.21 und 2.22).

Vorzugswerte für die Spieldauer sind nach VDE 0580 2, 5, 10, und 30 Minuten, für die relative Einschaltdauer 5, 15, 25, 40 und 100%.

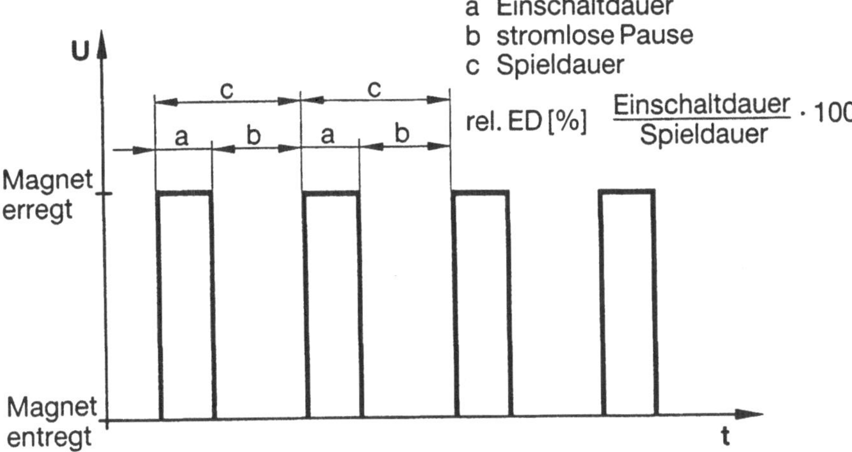

Bild 2.21 Bestimmung der relativen Einschaltdauer bei periodisch sich wiederholenden gleichen Werten für a und b

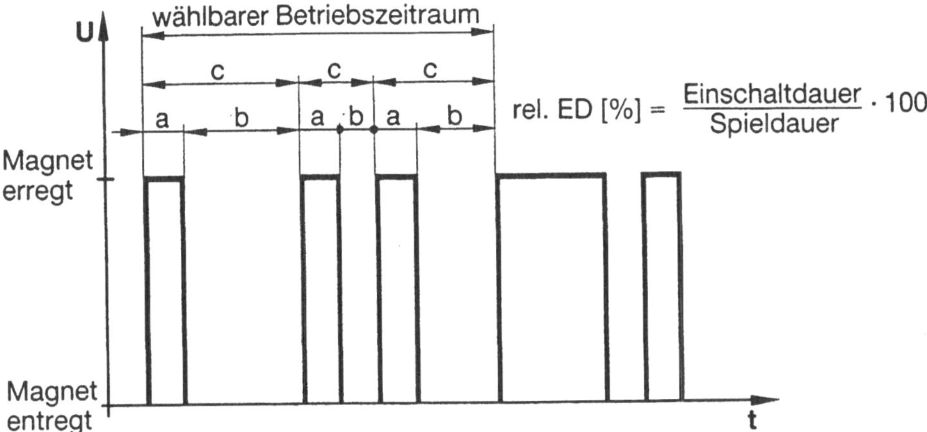

Bild 2.22 Bestimmung der relativen Einschaltdauer bei periodisch sich wiederholenden ungleichen Werten für a und b

2.6 Schutzarten

Vorschriften für elektromagnetische Geräte, nach denen die Magnete ausgelegt und gebaut werden, sind in den VDE-Vorschriften VDE 0580/10.70, VDE 0580 d/9.79 und im Normblatt DIN 57 580 d zusammengefaßt. Daneben sind noch die für den jeweiligen Anwendungsfall geltenden Bestimmungen und Normen (Tabelle 2.3) zu berücksichtigen. Das VDE-Vorschriftenwerk ist die Rechtsgrundlage für Hersteller, Errichter und Betreiber elektrischer Anlagen. Einige Punkte, die für Betätigungsmagnete relevant sind, werden hier näher betrachtet.

Für aktive Teile elektrischer Betriebsmittel ist je nach Aufstellungsort und Verwendungszweck Schutz gegen zufällige Berührung, gegen Fremdkörper und gegen Wasser erforderlich. Nach DIN 40 050 und IEC 144 sind differenzierte Schutzarten vorgesehen. Sie werden durch ein Kurzzeichen angegeben, das sich aus den Kennbuchstaben IP und zwei Kennziffern für den Schutzgrad zusammensetzt, z. B. IP 44. Die erste Kennziffer gibt den Schutzgrad für Berührungs- und Fremdkörperschutz (Tabelle 2.4), die zweite den für Wasserschutz (Tabelle 2.5) an.

Zusätzlich zu den Schutzmaßnahmen werden elektrische Geräte noch in drei Schutzklassen nach DIN 57 106 T1 und VDE 0106 T1 eingeteilt.

Geräte der Schutzklasse I sind Betriebsmittel, bei denen der Schutz nicht nur auf der Basisisolierung beruht, sondern die durch den Schutzleiter der festen Installation, mit dem Teile verbunden sind, zusätzlich gesichert sind. So kann im Falle eines Versagens der Basisisolierung keine Spannung bestehen bleiben.

Tabelle 2.3 DIN-Normen und Vorschriften für die Auslegung und den Bau elektromagnetischer Geräte

DIN/VDE 0110	„Bestimmung für die Bemessung der Kriech- und Luftstrecken elektrischer Betriebsmittel"
DIN/VDE 0113 Teil 1/02.86	„Bestimmung für die elektrische Ausrüstung von Industriemaschinen"
DIN 57165/VDE 0165	„Bestimmung für die Errichtung elektrischer Anlagen in explosionsgefährdeten Betriebsstätten"
DIN EN50014/VDE 0170/0171 Teil 1	Elektrische Betriebsmittel für explosionsgefährdete Bereiche; allgemeine Bestimmung
DIN EN50018/VDE 0170/0171 Teil 5	Elektrische Betriebsmittel für explosionsgefährdete Bereiche; druckfeste Kapselung „d"
DIN EN50019/VDE 0170/0171 Teil 6	Elektrische Betriebsmittel für explosionsgefährdete Bereiche; erhöhte Sicherheit „e"
DIN EN50020/VDE 0170/0171 Teil 7	Elektrische Betriebsmittel für explosionsgefährdete Bereiche; Eigensicherheit „i"
DIN EN50028/VDE 0170/0171 Teil 8	Elektrische Betriebsmittel für explosionsgefährdete Bereiche; Vergußkapselung „m"
DIN 40050	IP-Schutzarten, Berührungs-, Fremdkörper- und Wasserschutz für elektrische Betriebsmittel
DIN 57730/VDE 0730 Teil 2 ZB/6.81	Geräte für den Hausgebrauch; besondere Bestimmung für Magnetventile

Tabelle 2.4 Schutzgrad für Berührungs- und Fremdkörperschutz elektrischer Betriebsmittel

Erste Kennziffer	Schutzgrad (Berührungs- und Fremdkörperschutz)
0	Kein besonderer Schutz
1	Schutz gegen Eindringen von festen Fremdkörpern mit einem Durchmesser größer als 50 mm (große Fremdkörper)[1)] Kein Schutz gegen absichtlichen Zugang, z.B. mit der Hand, jedoch Fernhalten großer Körperflächen
2	Schutz gegen Eindringen von festen Fremdkörpern mit einem Durchmesser größer als 12 mm (mittelgroße Fremdkörper)[1)] Fernhalten von Fingern oder ähnlichen Gegenständen
3	Schutz gegen Eindringen von festen Fremdkörpern mit einem Durchmesser größer als 2,5 mm (kleine Fremdkörper)[1) 2)] Fernhalten von Werkzeugen, Drähten oder ähnlichem von einer Dicke größer als 2,5 mm
4	Schutz gegen Eindringen von festen Fremdkörpern mit einem Durchmesser größer als 1 mm (kornförmige Fremdkörper)[1) 2)] Fernhalten von Werkzeugen, Drähten oder ähnlichem von einer Dicke größer als 1 mm
5	Schutz gegen schädliche Staubablagerungen. Das Eindringen von Staub ist nicht vollkommen verhindert; aber der Staub darf nicht in solchen Mengen eindringen, daß die Arbeitsweise des Betriebsmittels beeinträchtigt wird (staubgeschützt)[3)] Vollständiger Berührungsschutz
6	Schutz gegen Eindringen von Staub (staubdicht) Vollständiger Berührungsschutz

[1)] Bei Betriebsmittel der Schutzgrade 1 bis 4 sind gleichmäßig oder ungleichmäßig geformte Fremdkörper mit frei senkrecht zueinander stehenden Abmessungen größer als die entsprechenden Durchmesser-Zahlenwerte am Eindringen gehindert.
[2)] Für die Schutzgrade 3 und 4 fällt die Anwendung dieser Tabelle auf Betriebsmittel mit Abflußlöchern oder Kühlluftöffnungen in die Verantwortung des jeweils zuständigen Fachkomitees.
[3)] Für den Schutzgrad 5 fällt die Anwendung dieser Tabelle auf Betriebsmittel mit Abflußlöchern in die Verantwortung des jeweils zuständigen Fachkomitees.

Geräte der Schutzklasse II sind Betriebsmittel, bei denen der Schutz nicht nur auf der Basisisolierung beruht, sondern bei denen zusätzliche Sicherheitsvorkehrungen wie doppelte oder verstärkte Isolierung, die sog. Schutzisolierungen, vorhanden sind. Im Normalfall besteht keine Anschlußmöglichkeit für einen Schutzleiter.

Geräte der Schutzklasse III sind Betriebsmittel, bei denen der Schutz auf Schutzkleinspannung beruht, und in denen keine höheren Spannungen als die Schutzkleinspannung erzeugt werden.

Die Ausführung der Betätigungsmagnete entspricht vorwiegend den Schutzklassen I und III, nur Spezialausführungen werden auch für die Schutzklasse II hergestellt.

Die Isolation, die der elektrischen Trennung eines Stromkreises von anderen Stromkreisen dient und Berühren verhindert, ist unabdingbare Voraussetzung für die

Tabelle 2.5 Schutzgrad für Wasserschutz elektrischer Betriebsmittel

Zweite Kennziffer	Schutzgrad (Wasserschutz)
0	Kein besonderer Schutz
1	Schutz gegen tropfendes Wasser, das senkrecht fällt Es darf keine schädliche Wirkung haben (Tropfwasser)
2	Schutz gegen tropfendes Wasser, das senkrecht fällt Es darf bei einem bis zu 15° gegenüber seiner normalen Lage gekippten Betriebsmittel (Gehäuse) keine schädliche Wirkung haben (Schrägfallendes Tropfwasser)
3	Schutz gegen Wasser, das in einem beliebigen Winkel bis 60° zur Senkrechten fällt Es darf keine schädliche Wirkung haben (Sprühwasser)
4	Schutz gegen Wasser, das aus allen Richtungen gegen das Betriebsmittel (Gehäuse) spritzt Es darf keine schädliche Wirkung haben (Spritzwasser)
5	Schutz gegen einen Wasserstrahl aus einer Düse, der aus allen Richtungen gegen das Betriebsmittel (Gehäuse) gerichtet wird Es darf keine schädliche Wirkung haben (Strahlwasser)
6	Schutz gegen schwere See oder starken Wasserstrahl Wasser darf nicht in schädlichen Mengen in das Betriebsmittel (Gehäuse) eindringen (Überfluten)
7	Schutz gegen Wasser, wenn das Betriebsmittel (Gehäuse) unter festgelegten Druck- und Zeitbedingungen in Wasser getaucht wird Wasser darf nicht in schädlichen Mengen eindringen (Eintauchen)
8	Das Betriebsmittel (Gehäuse) ist geeignet zum dauernden Untertauchen in Wasser bei Bedingungen, die durch den Hersteller zu beschreiben sind (Untertauchen)[1]

[1] Bei Betriebsmittel der Schutzgrade 1 bis 4 sind gleichmäßig oder ungleichmäßig geformte Fremdkörper mit frei senkrecht zueinander stehenden Abmessungen größer als die entsprechenden Durchmesser-Zahlenwerte am Eindringen gehindert.

Funktion und die Sicherheit eines Betriebsmittels. Das Isoliersystem wird durch die elektrischen, physikalischen und thermischen Eigenschaften des verwendeten Isolierstoffes und dessen konstruktiver Auslegung bestimmt.

Diese grundsätzlichen Festlegungen über die Isolationskoordination, früher Isolationsgruppen, sind in der Norm DIN/VDE 0110 Teil 1 und 2 zusammengefaßt. Sie beinhalten auch die Zuordnung der Kenngrößen einer Isolation zu

der Nennspannung,
den erwarteten Überspannungen,
den Kenngrößen der Überspannungs-Schutzvorkehrung,
den Umgebungsbedingungen und
den Schutzmaßnahmen gegen Verschmutzung.

Mit den Isolierstoffklassen nach DIN 57530 T1/VDE 0530 T1 werden die Isolierwerkstoffe nach ihrer Temperaturbeständigkeit klassifiziert. Die dort festgelegten Grenztemperaturen (Tabelle 2.6) müssen bei der Auslegung der Betriebsmittel berücksichtigt und dürfen im Normalbetrieb nicht überschritten werden.

Um die Spannungsdurchschlagsfestigkeit und bedingt auch den Oberflächenwiderstand – Luftstrecke und Kriechwege – des Isolationssystems zu überprüfen, werden Prüfspannungen nach VDE 0580 angewandt (Tabelle 2.7). Die Prüfung gilt als bestanden, wenn weder ein Durchschlag noch ein Überschlag erfolgt.

Als Umgebungseinflüsse sind vor allem die Temperatur und die Luftfeuchtigkeit von Bedeutung. Ferner sind noch, je nach Einsatz, der Salzgehalt der Luft in Meeresnähe, Sand, Staub, Abgase, Schimmelbildung und Termiten in tropischen Zonen zu berücksichtigen.

Tabelle 2.6 Grenztemperaturen für Isolierwerkstoffe

Klasse	zugeordnete Grenztemperatur
Y	90 °C
A	105 °C
E	120 °C
B	130 °C
F	155 °C
H	180 °C
C	über 180 °C

Tabelle 2.7 Prüfspannungen für Isolationssysteme

1		2	3	4	5	6	7	8	9	10
Reihen-spannung	Gleich-spannung V	30	60	110	250	440	600	800	1200	1500
	Wechsel-spannung V	30	60	125	250	380	500	–	1000	–
Prüfspannung U_p	V	600	1000	1500	2000	2500	2500	3000	3500	5000

Nach VDE 0580 werden die Betriebsbedingungen als normal angesehen, wenn die Umgebungstemperatur 40 °C und deren Mittelwert über 24 h 35 °C nicht überschreitet und nicht unter –5 °C absinkt. Die relative Luftfeuchtigkeit soll bei 40 °C nicht größer als 50% sein, kann aber bei niedrigeren Temperaturen höher, z. B. bei 20 °C 90%, sein. Kondenswasserbildung muß durch entsprechende Maßnahmen unterbunden werden. Weichen die Betriebsbedingungen von den normalen ab, müssen entsprechend konstruierte Betätigungsmagnete eingesetzt werden.

3 Betätigungsmagnete für Proportionalventile

Betätigungsmagnete für Proportionalventile, kurz Proportionalmagnete genannt, sind elektromechanische Wandler zur stufenlosen Steuerung von Proportionalventilen. Es handelt sich dabei um Gleichstrom-Hubmagnete, bei denen die Ausgangsgröße proportional der Eingangsgröße ist. Die Eingangsgröße ist immer ein elektrischer Strom, die Ausgangsgröße entweder

der Magnethub, wenn der Magnet ein Proportionalwegeventil, also ein Schieberventil, steuert,

oder

die Magnetkraft, wenn der Magnet ein Proportionaldruckventil, also ein Sitzventil, steuert.

Zur Betätigung eines Proportionalventils ist also entweder ein hubgesteuerter oder ein kraftgesteuerter Proportionalmagnet notwendig.

Der Betätigungsmagnet für Schaltventile, der Schaltmagnet, soll je nach Schaltzustand, stromlos oder bestromt, zwei Schaltstellungen einnehmen. Dabei ist der Kraftverlauf bezogen auf den Magnethub ohne Bedeutung. Wichtig ist nur, daß die Magnetkraft über den gesamten Hub immer größer ist als die Summe der Gegenkräfte. Gegenkräfte sind die Federkraft der Rückstellfeder, die Reibung am Steuerschieber und im Magnet sowie die Schaltkraft des Ventils.

Im Gegensatz dazu müssen mit dem Proportionalmagneten innerhalb zweier Endstellungen beliebig viele Zwischenstellungen des Ventilschiebers ansteuerbar sein. Um dies zu ermöglichen, ist eine nahezu konstante Magnetkraft über den gesamten Arbeitshub erforderlich. Im Bild 3.1 ist die Hub-Kraftkennlinie eines Schaltmagneten und in Bild 3.2 die eines Proportionalmagneten dargestellt. Daraus ist ersichtlich, daß die

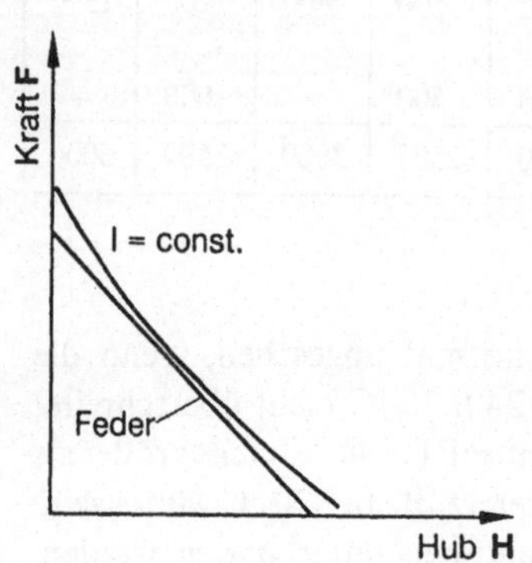

Bild 3.1 Hub-Kraft-Kennlinie eines Schaltmagneten

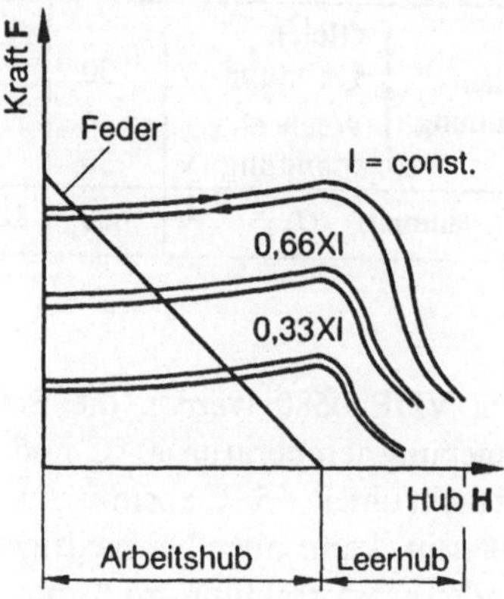

Bild 3.2 Hub-Kraft-Kennlinie eines Proportionalmagneten

Magnetkraft des Schaltmagnets bei konstantem Magnetstrom I mit zunehmendem Magnethub H größer wird. Dagegen muß die Magnetkraft des Proportionalmagneten über den gesamten Arbeitshub H bei konstantem Strom I möglichst konstant bleiben.

3.1 Kraftgesteuerte Proportionalmagnete

Der Arbeitshub beim kraftgesteuerten Proportionalmagnet ist sehr gering, meist nicht größer als 0,5 mm. Deshalb wird dieser Magnet zur Steuerung von Sitzventilen, für deren Funktion nur ein kleiner Ventilhub, wie z.B bei direktgesteuerten Druckbegrenzungsventilen, erforderlich ist, eingesetzt. Die Magnetkraft wirkt dabei direkt auf den Ventilkörper (Bild 3.3) und steht somit in direkter Referenz zur Fläche des Ventilsitzes und zum Druck des Fluids.

In Bild 3.4 ist die Magnetkraft als Funktion des Erregerstroms dargestellt. Man erkennt deutlich ein nahezu lineares Verhalten, d. h. die Proportionalität beider Kenngrößen. Die auftretende Hysterese H_i, die Differenz des Erregerstroms zwischen steigendem und fallendem Ast, ist magnetischen Ursprungs, da ohne Hub auch keine Hysterese durch Reibung auftreten kann. Durch ein Dithersignal kann die Hysterese verringert werden (s. Kap. 4.6 Ansteuerelektronik).

Die Kraftkennlinien dieser Magnete verlaufen steil, um die erforderliche Steifigkeit zu erhalten. Im Bild 3.5 ist der Zusammenhang zwischen der Magnetkraft, dem Arbeitshub und dem Erregerstrom dargestellt. Um eine bestimmte Kraft am Ventilsitz und damit einen bestimmten Druck im Fluid zu erreichen, muß bei dem eingezeichneten Arbeitshub der Erregerstrom I_3 durch den Magneten fließen.

Wegen des kleinen mechanischen Hubs sind die äußeren Abmessungen der kraftgesteuerten Proportionalmagnete relativ klein.

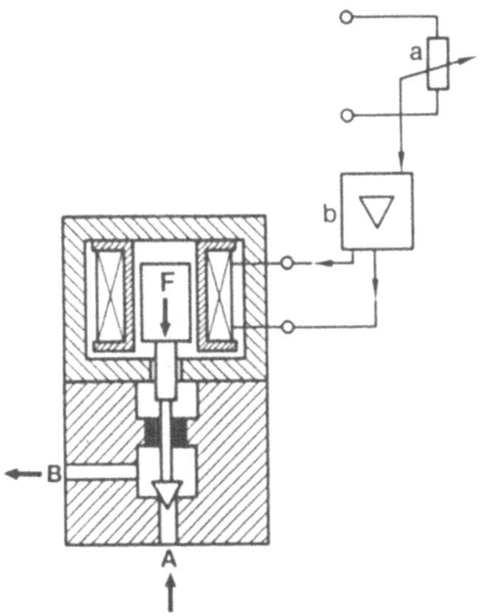

Bild 3.3 Kraftgesteuerter Proportionalmagnet a: Sollwertpotentiometer b: Ansteuerelektronik

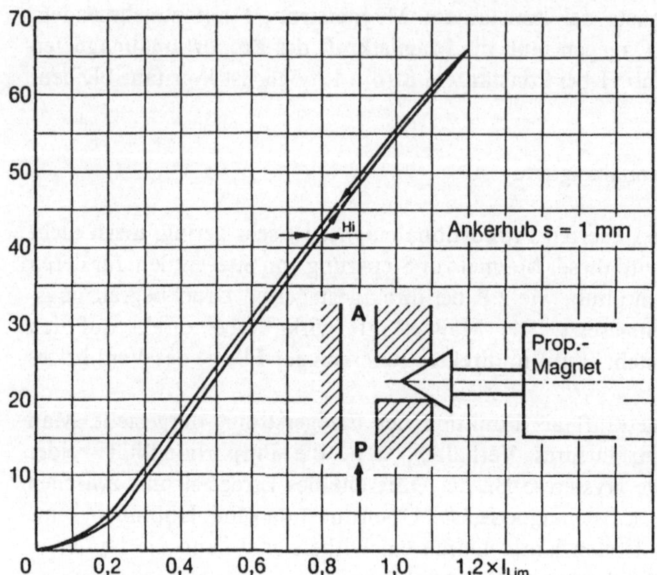

Bild 3.4 Magnetkraft-Strom-Kennlinie eines kraftgesteuerten Proportionalmagneten

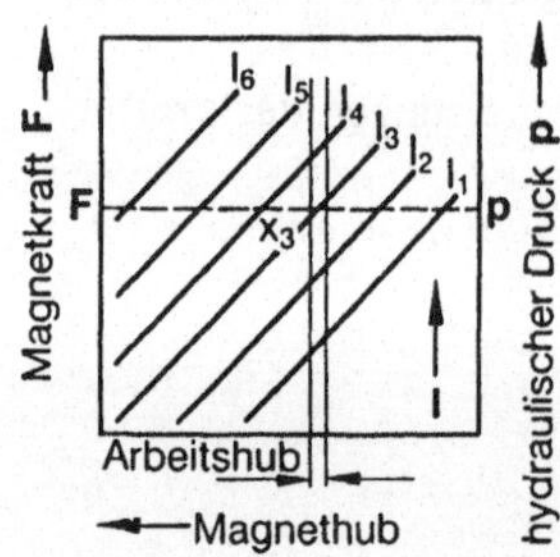

Bild 3.5
Magnetkraftkennlinien kraftgesteuerter Proportionalmagnete

3.2 Hubgesteuerte Proportionalmagnete

Beim hubgesteuerten Proportionalmagneten wirkt die Magnetkraft gegen eine äußere Kraft, in der Regel gegen eine Feder (Bild 3.6). Er wird deshalb zur Betätigung von Proportionalwege-, Proportionaldruck- und Proportionalstromventilen eingesetzt, bei denen der Ventilkolben durch eine Feder vorgespannt ist.

Die Kraftkennlinien der hubgesteuerten Proportionalmagnete verlaufen im Arbeitshubbereich annähernd waagrecht bis leicht fallend (Bild 3.7), d. h. die Magnetkraft ist nur vom Erregerstrom I und nicht von der Hubstellung des Magnetstößels abhängig. Im Bild 3.7 ist neben dem Zusammenhang zwischen Magnethub und Magnetkraft eines hubgesteuerten Proportionalmagneten für verschiedene Erregerströme I_1 bis I_6 auch die Kennlinie F der Feder, gegen die der Magnet arbeitet, dargestellt. Durch den

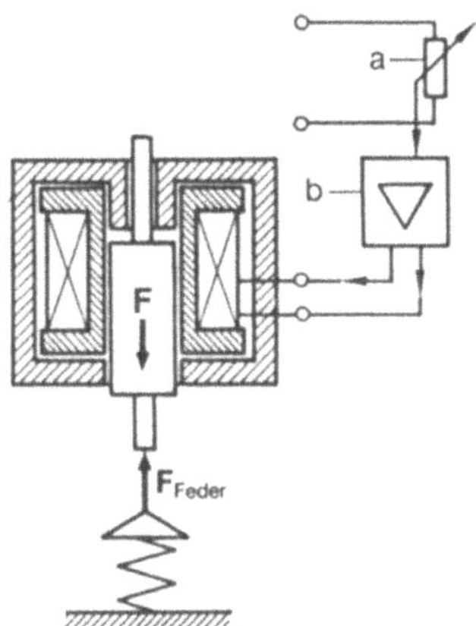

Bild 3.6
Hubgesteuerter Proportionalmagnet
a: Sollwertpotentiometer
b: Ansteuerelektronik

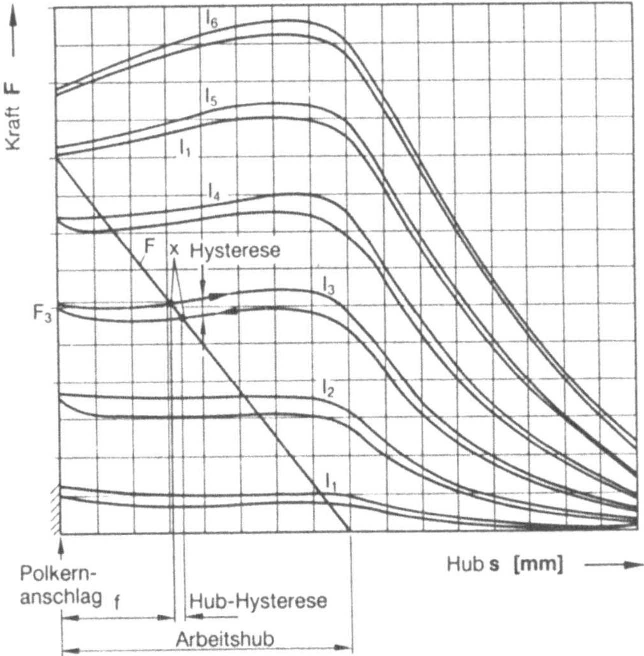

Bild 3.7 Magnetkraftkennlinien hubgesteuerter Proportionalmagnete

Erregerstrom I_3 ergibt sich eine bestimmte Magnetkraft, die gegen die Druckfeder wirkt. Die Federkraft ergibt sich aus dem Produkt von Federweg und Federrate, $F_3 = f_3 R$. Beim Vorlauf des Magnetstößels sind Magnetkraft und Federkraft nach dem Magnethub oder Federweg f_3 im Gleichgewicht – im Diagramm ersichtlich durch den Schnittpunkt X der beiden Kennlinien. Beim Rücklauf ergibt sich durch die Hysterese der Magnetkennlinie ein zweiter Schnittpunkt, also eine Hubdifferenz. Die Hysterese wird durch die

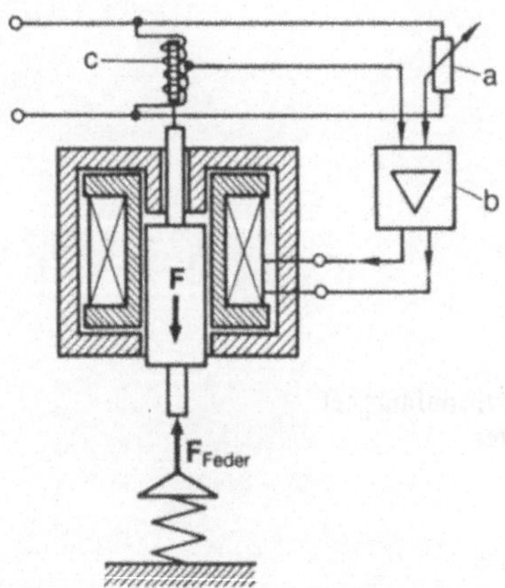

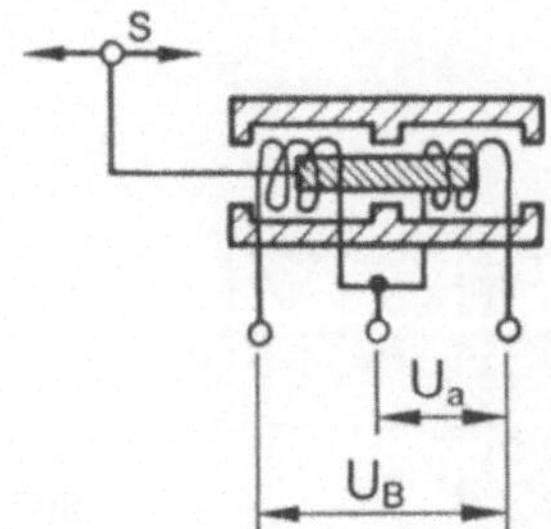

Bild 3.9 Induktiver Wegaufnehmer nach dem Differentialdrosselprinzip

Bild 3.8 Hubgesteuerter Proportionalmagnet mit Wegaufnehmer
a: Sollwertpotentiometer
b: Ansteuerelektronik
c: Wegaufnehmer

Reibung bei der Hubbewegung und durch magnetische Eigenschaften der verwendeten Werkstoffe verursacht, durch ein aufgeschaltetes Dithersignal kann sie verringert werden (s. auch Kapitel 4.6 Ansteuerelektronik).

Hubdifferenzen können nicht nur durch die Hysterese des Proportionalmagneten, sondern auch durch Reibung und Strömungskräfte am Kolbenschieber des Ventils entstehen. Da neben der Druckdifferenz, die durch Druckwaagen konstant gehalten werden kann, der Steuerspalt am Ventilschieber die Durchflußmenge beeinflußt, ist in vielen Fällen eine genaue Positionierung sowohl im Vor- als auch im Rücklauf des Ventilschiebers notwendig. Dies läßt sich durch einen mit dem Ventilstößel gekoppelten Wegaufnehmer (Bild 3.8), der die Stellung des Proportionalmagneten in ein analoges elektrisches Signal umwandelt, erreichen. Dieses Signal wird in der Ansteuerelektronik mit dem vorgegebenen Sollwert verglichen. Bei einer sich ergebenden Abweichung wird diese Differenz durch Änderung des Erregerstromes von der Ansteuerelektronik aus geregelt. Dadurch ergeben sich neben einer wesentlich höheren Genauigkeit auch eine höhere Ansprechempfindlichkeit, eine bessere Linearität und eine höhere Dynamik des Proportionalventils. Als Wegaufnehmer werden im allgemeinen berührungslose induktive Systeme, die nach dem Differential-Drosselprinzip arbeiten, eingesetzt. In der Wirkungsweise entspricht dieser Wegaufnehmer einem induktiven Spannungsteiler. An den beiden Spulenenden wird eine hochfrequente Spannung angelegt, und in der Spulenmitte wird dann eine Spannung, die dem Hub des Weicheisenkerns proportional ist, abgenommen (Bild 3.9). In Bild 3.10 ist diese Ausgangsspannung in Abhängigkeit des Magnethubs für eine bestimmte Baugröße dargestellt. Den Aufbau eines hubgesteuerten Proportionalmagneten mit einem Wegaufnehmer zeigt das Schnittbild 3.11.

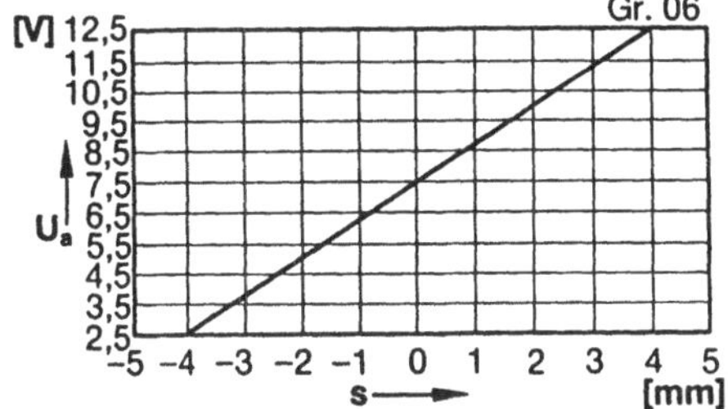

Bild 3.10
Ausgangsspannung in Abhängigkeit des Magnethubs

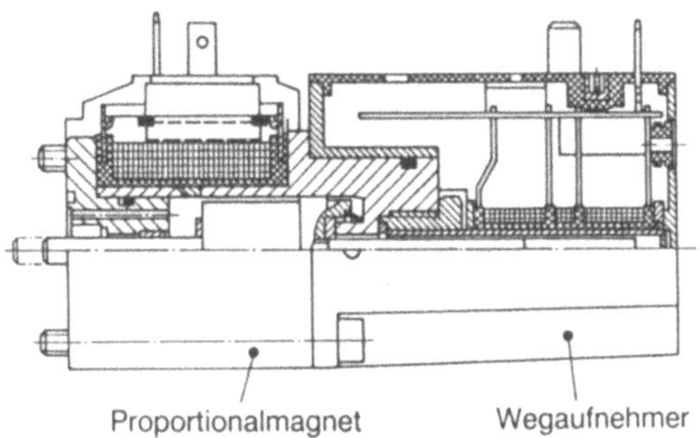

Bild 3.11
Aufbau eines Proportionalmagneten mit Wegaufnehmer

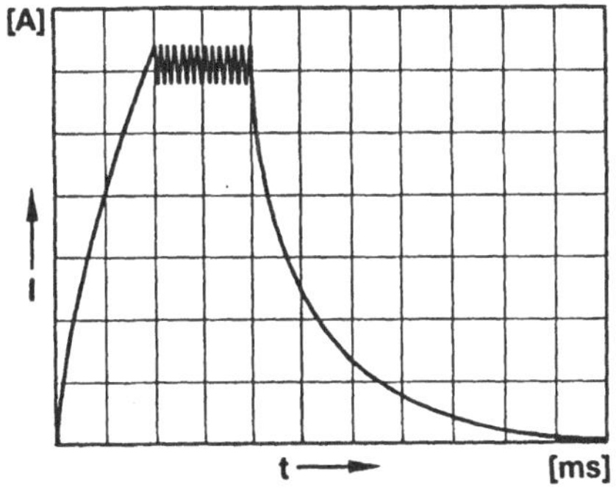

Bild 3.12
Stromanstiegs- und -abfallzeit bei Normalerregung

3.3 Dynamisches Verhalten der Proportionalmagnete

Das dynamische Verhalten eines Proportionalmagneten ist neben der Induktivität, dem Ohmschen Widerstand, der Magnetspule und der Masse des Magnetankers auch stark abhängig von der Zeit, die der Magnetstrom braucht, um sich in der Spule auf- bzw. abzubauen. Den Verlauf der Stromanstiegs- und abfallzeit bei Normalerregung zeigt das Diagramm Bild 3.12. Über die Ansteuerelektronik kann auch auf diesen Faktor Zeit eingewirkt werden, d. h. kann diese verkürzt werden. Durch Schnellerregung und -entregung werden Stromanstiegs- und Stromabfallzeit wesentlich verkürzt (Bild 3.13).

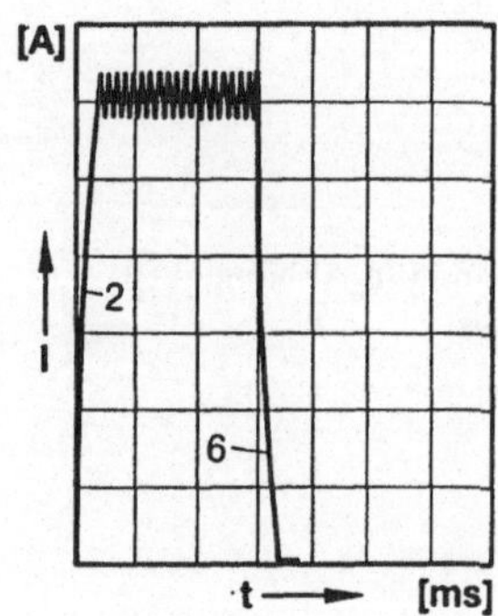

Bild 3.13
Stromanstiegs- und -abfallzeit bei 2facher Über- bzw. Untererregung

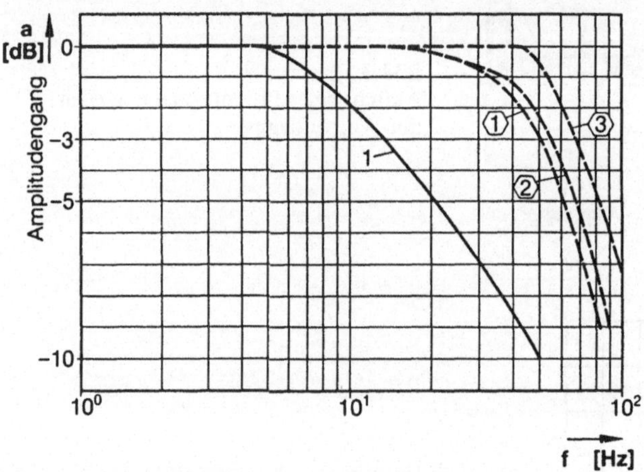

Bild 3.14 Bode-Diagramm eines Proportionalmagneten
I Stromamplitude = $I_{max}/2 \pm 40\%$ Normalerregung
1 Stromamplitude = $I_{max}/2 \pm 40\%$ 2-fache-Übererregung
2 Stromamplitude = $I_{max}/2 \pm 25\%$ und Schnellentregung
3 Stromamplitude = $I_{max}/2 \pm 10\%$ "

Die Dynamik eines derart angesteuerten Proportionalmagneten ist erheblich größer. Eine Schnellerregung erreicht man, wenn kurzzeitig eine relativ hohe – z. B. doppelte – Überspannung an die Magnetspule angelegt wird, eine Schnellentregung wird durch eine entsprechende Schaltung in der Ansteuerelektronik realisiert. Im Bodediagramm lassen sich die dynamischen Eigenschaften der Proportionalmagnete gut darstellen (Bild 3.14). Der dort angegebene Amplitudengang ist das Verhältnis zwischen der Amplitude des Magnethubs – Ausgangsamplitude – und der Amplitude, mit der der Magnet angesteuert wird – Eingangsamplitude. Die im Bild 3.14 gezeigten Kurven entstehen, wenn ein Proportionalmagnet mit einem konstanten Gleichstrom 1/2 I_{max} beaufschlagt wird. Diesem Gleichstrom wird ein sinusförmiger Wechselstrom mit drei verschiedenen Amplituden $\pm 40\%$, $\pm 25\%$ und $\pm 10\%$, deren Frequenz kontinuierlich gesteigert wird,

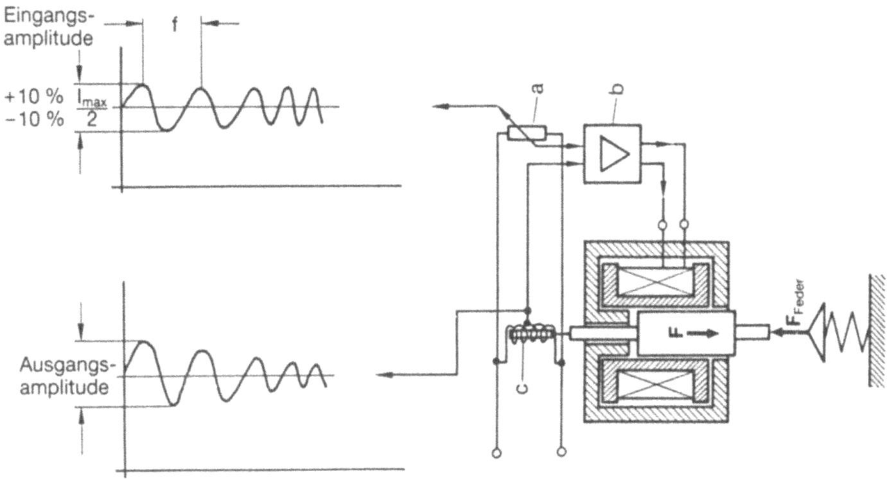

Bild 3.15 Blockschaltbild zur Messung des Bode-Diagramms

überlagert. Als Ausgangsgröße wird der Magnethub, die Ausgangsamplitude gemessen (Bild 3.15). Der Amplitudengang a wird in dB angegeben und wie folgt bestimmt:

$$a = 20 \lg \frac{\text{Ausgangsamplitude}}{\text{Eingangsamplitude}}$$

Betrachtet man die Eckfrequenz, das ist die Frequenz, bei der eine Dämpfung von 3 dB auftritt, ergibt sich folgendes Ergebnis: Je kleiner die Stromamplitude ist, desto größer wird die Eckfrequenz, sie wird auch größer bei Übererregung bzw. Schnellentregung des Proportionalmagneten.

Für ein dynamisches, also schnelles Proportionalventil benötigt man einen dynamischen Proportionalmagneten. Ein Magnet ist um so dynamischer,

je kleiner seine Masse ist,
je kleiner seine Induktivität ist,
je kleiner seine Magnetkraft ist,
je kleiner sein Hub ist,
je kleiner sein Ohmscher Widerstand ist und
je schneller der Erregerstrom auf- bzw. abgebaut wird.

Diese Erkenntnisse stehen meist im Gegensatz zu den Forderungen, die an das Ventil gestellt werden. Ventile für hohe Drücke oder große Nennweiten, also große Förderströme, benötigen starke Magnete, also große Induktivität und Baugrößen, die große Massen zur Folge haben.

4 Elektrische Steuerungen

Bei elektropneumatischen und elektrohydraulischen Steuerungen werden über elektrische Steuereinrichtungen und elektrische Stellantriebe Stellglieder, in der Regel Ventile, betätigt. Man unterscheidet dabei nach der Art der Programmverwirklichung in verbindungs- und speicherprogrammierte Steuerungen. Die eingesetzten verbindungsprogrammierten wieder je nach Signalverarbeitung in elektrische Kontaktsteuerungen oder elektromechanische Steuerungen und in kontaktlose elektronische Steuerungen, wobei sich die elektronischen Steuerungen in der Hydraulik und Pneumatik vorwiegend auf die Ansteuerelektronik der Proportionalventile beschränken.

4.1 Bauelemente elektrischer Kontaktsteuerungen

Bei den Bauelementen zum Aufbau elektrischer Kontaktsteuerungen kann folgende Differenzierung getroffen werden:

Geräte zur Signaleingabe, Signalverarbeitung und Signalausgabe,

Anzeigegeräte, Leitungsverbindungen und Steckvorrichtungen.

Die Bauelemente werden in Schaltplänen oder anderen Zeichnungen immer mit Sinnbildern, den nach DIN genormten Schaltzeichen, dargestellt.

4.1.1 Geräte zur Signaleingabe
Mechanische Eingabegeräte

Stellschalter

Der Stellschalter schließt oder öffnet einen Stromkreis und rastet in den Endstellungen ein, typisches Beispiel dafür ist der übliche Lichtschalter. Es gibt sie in den verschiedensten Ausführungen (Wippschalter, Drehschalter usw.) mit unterschiedlicher Kontaktbestükkung (Öffner, Schließer und Wechsler). Bild 4.1 zeigt das Bildzeichen nach DIN 40900 für einen Stellschalter als Wechsler handbetätigt.

Tastschalter

Tastschalter, auch kurz Taster genannt, gibt es in verschiedenen Ausführungen. Sie betreffen in erster Linie die Kontaktbestückung des Tastschalters. Beim Tastschalter als

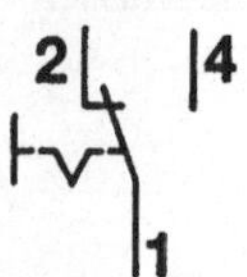

Bild 4.1
Stellschalter als Wechsler, Schaltzeichen nach DIN 40900

Schließer (Bild 4.2) ist der Stromkreis in unbetätigtem Zustand geöffnet und wird erst durch Betätigung, wie z. B. beim Klingelknopf, geschlossen.

Beim Tastschalter als Wechsler (Bild 4.3) wird durch Betätigung ein Stromkreis unterbrochen und einer geschlossen. Beim Umschalten sind kurzzeitig beide Stromkreise unterbrochen.

Beim Schloßtaster wird eine Rückstellung nach Betätigung erst durch Entriegeln möglich. Sie werden häufig als NOT-AUS-Schalter eingesetzt, um ein unbeabsichtigtes Betätigen zu verhindern.

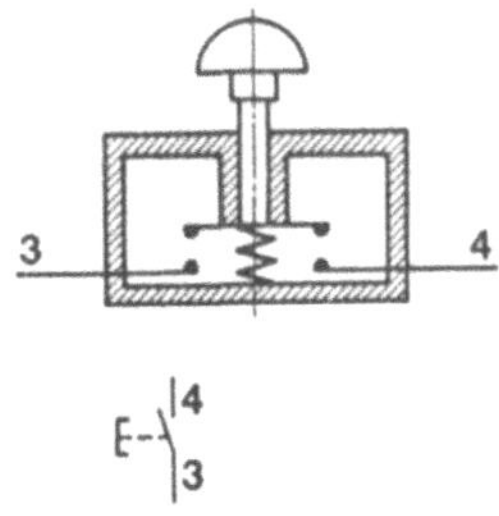

Bild 4.2
Tastschalter als Schließer, handbetätigt durch Drücken

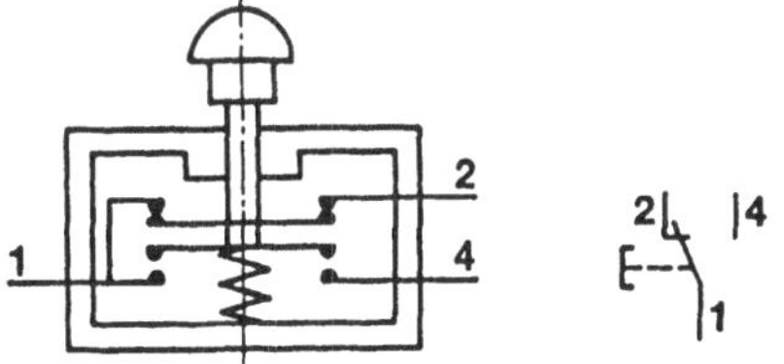

Bild 4.3
Tastschalter als Wechsler, handbetätigt durch Drücken

Grenztaster

Bei Grenztastern werden die Kontakte mechanisch über Rollen, Stößel oder Hebel betätigt (Bild 4.4), um die Endlage von Bau- oder beweglichen Maschinenteilen zu signalisieren. Damit auch bei langsamen Geschwindigkeiten beweglicher Teile eine genügend große Schaltgeschwindigkeit erreicht wird, sind Grenztaster mit einem Sprung- oder Mikroschalter ausgestattet.

Weit verbreitet sind auch magnetbetätigte Grenztaster mit Reed-Kontakten (Bild 4.5). Durch einen externen Schaltmagneten, der am Kolben oder an der Kolbenstange eines Zylinders befestigt ist, werden die Schaltzungen des Reed-Kontaktes magnetisiert und ziehen sich gegenseitig an. Die Öffnerfunktion wird über einen kleinen Vorspannmagneten, der am Kontakt befestigt ist und das Schließen der Kontaktzungen bewirkt, erreicht. Mit dem stärkeren Schaltmagneten wird die Vorspannung überwunden, der Kontakt öffnet (Bild 4.6).

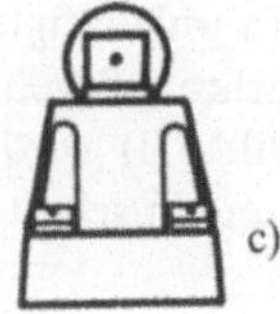

b)

a)

Bild 4.4 Betätigungen für Grenztaster
a) Einfachstößel
b) Kuppenstößel
c) Rollenstößel
d) Schwenkhebel
e) Rollenhebel

Öffner (Vorspannmagnet)

N S
S N

Bild 4.6 Reedkontakt als Öffner mit Vorspannmagnet

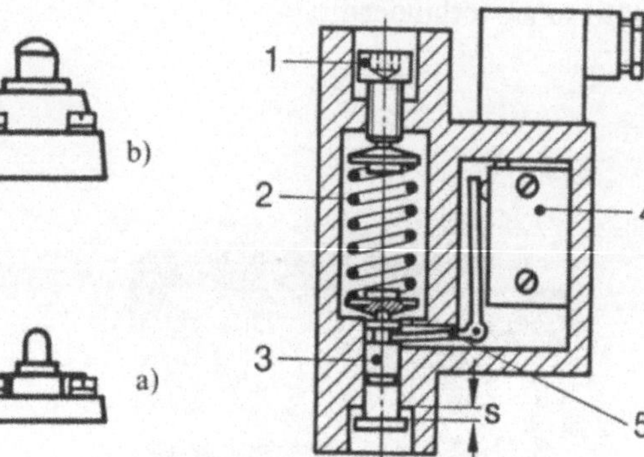

Bild 4.7 Druckschalter

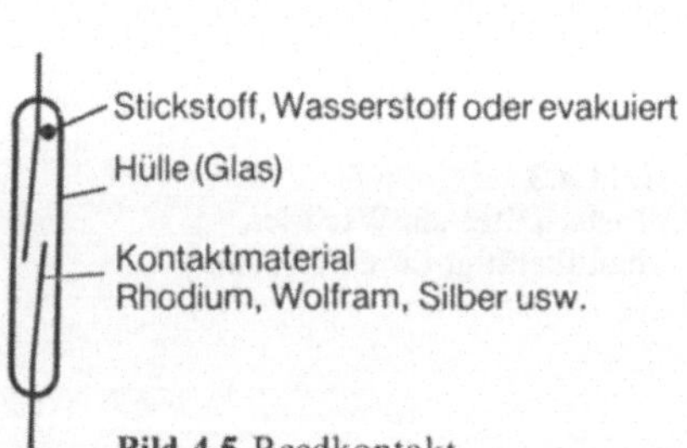

Bild 4.5 Reedkontakt

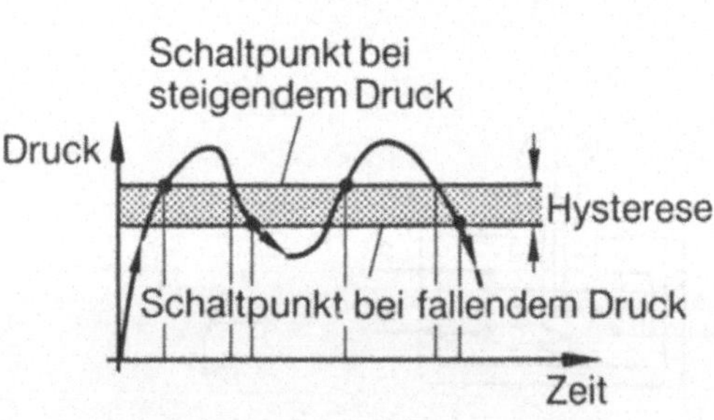

Bild 4.8 Hysterese eines Druckschalters

Druckschalter

Der Druckschalter wird durch ein Fluid, also Druckluft oder Druckflüssigkeit, geschaltet. Im Bild 4.7 ist ein elektromechanischer, hydraulisch betätigter Druckschalter dargestellt. Mit der Schraube (1) wird die Feder (2) vorgespannt und dadurch der Schaltdruck eingestellt. Wird die Federkraft durch hydraulische Beaufschlagung am Kolben (5) überschritten, bewegt sich der Schaltkolben. Durch den Kolbenhub wird über den Winkelhebel (3) der Mikroschalter (4) betätigt, der durch die Hubbegrenzung (s) des Kolbens abgesichert ist. Die Hysterese des Druckschalters, die durch den Federweg entsteht, ist in Bild 4.8 dargestellt.

Berührungslose Näherungsschalter

Berührunglose Näherungsschalter werden häufig anstelle der Grenztaster, deren Schaltkontakte mechanisch betätigt werden, eingesetzt. Man unterscheidet dabei zwischen kapazitiv, induktiv, optoelektronisch und mit Ultraschall arbeitenden Näherungsschaltern.

Die Funktion des kapazitiven Näherungsschalters (Bild 4.9), bzw. der kapazitiven Abtastung, beruht auf einem RC-Schwingkreis. Durch Gegenstände aus Metall, Holz, Kunststoff oder durch Flüssigkeiten in der aktiven Schaltzone ändert sich die Kapazität des Schwingkreises. Die aktive Schaltzone oder das elektrostatische Streufeld, das sich über der aktiven Fläche bildet (Bild 4.10), wird mittels einer aktiven und einer Masseelektrode erzeugt. Eine Kompensationselektrode verhindert Einflüsse durch Feuchtigkeit auf der aktiven Fläche. Die Kapazitätsänderung hängt vom Abstand, der Größe und der Dielektizitätskonstanten des Gegenstands ab. Der Schaltabstand wird mit einer geerdeten Metallplatte ermittelt, die Erfassung von Gegenständen aus anderen Werkstoffen kann durch Korrekturfaktor berücksichtigt werden. Mit einem Potentiometer kann der Schaltabstand oder die Empfindlichkeit zurückgenommen werden. Dadurch ist es möglich, bestimmte Stoffe nicht mehr zu erfassen, um z. B. Wasser hinter einer Kunststoffwand zu detektieren.

Der induktive Näherungsschalter (Bild 4.11) besteht im wesentlichen aus einem Oszillator, Gleichrichtersiebung, Kippverstärker und einer Endstufe. Der Oszillator erzeugt mittels eines LC-Schwingkreises das elektromagnetische Streufeld, das über der aktiven Fläche einen räumlich begrenzten Bereich, die aktive Schaltzone, bildet (Bild 4.12). Befinden sich in dieser aktiven Schaltzone Gegenstände aus elektrisch leitfähigem Werkstoff, dann wird dem Oszillator durch Wirbelstrombildung Energie entzogen. Dadurch werden die Schwingungen so weit gedämpft, daß sie ganz oder teilweise aussetzen, der Oszillator ist gedämpft. Die beiden Zustände, Oszillator schwingt – kein Gegenstand in der aktiven Schaltzone – und Oszillator schwingt nicht – Gegenstand in der aktiven Schaltzone – werden elektronisch ausgewertet und die Endstufe schaltet oder sperrt je nach Schaltertyp.

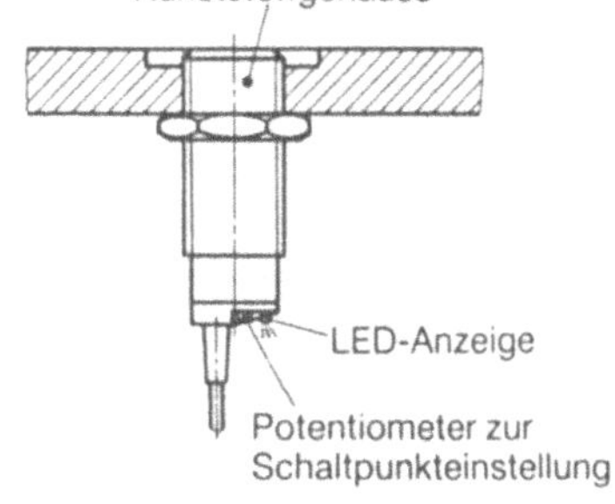

Bild 4.9 Kapazitiver Näherungsschalter

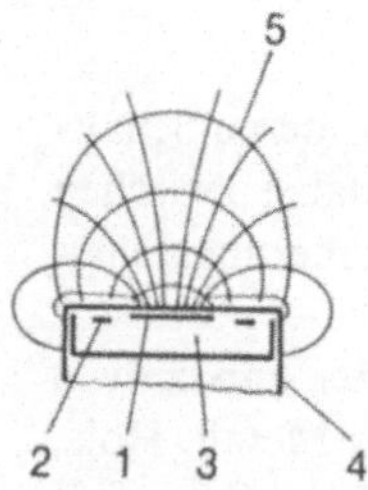

Bild 4.10
Streufeld eines kapazitiven Näherungsschalters
1 aktive Elektrode
2 Kompensationselektrode
3 Masseelektrode
4 Gehäuse
5 elektrostatisches Streufeld

Bild 4.11
Induktiver Näherungsschalter

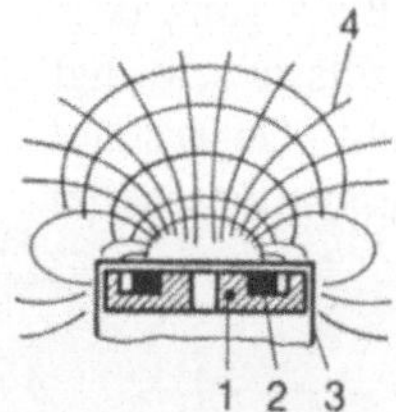

Bild 4.12 Streufeld eines induktiven Näherungsschalters
1 Schalenkern
2 Induktivität
3 Gehäuse
4 elektromagnetisches Streufeld

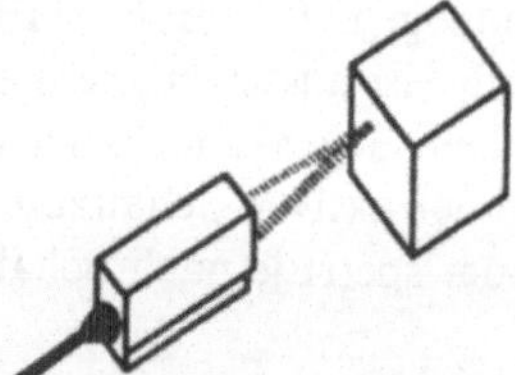

Bild 4.13 Reflexlichttaster

Der Schaltabstand, d. h. der Abstand zur aktiven Fläche, bei dem ein elektrisch leitender Gegenstand einen Schaltwechsel bewirkt, wird mit einer Meßplatte aus St 37 ermittelt. Für andere elektrisch leitende Werkstoffe kann der Abstand über Korrekturfaktoren bestimmt werden.

Bei optoelektronischen Näherungsschaltern (Bild 4.13) sendet eine Lumineszenzdiode mit hoher Lebensdauer gepulstes Infrarotlicht im nicht sichtbaren Bereich oder gepulstes Laserlicht aus. Dadurch sind die Geräte gegen Fremdlicht nahezu unempfindlich. Trifft der Lichtstrahl auf einen Gegenstand, wird er zum Empfänger reflektiert. Empfänger und Lichtsender befinden sich in einem Gehäuse.

Photoelektronische Schalter, sog. Lichtschranken, erfassen berührungslos Gegenstände aus unterschiedlichen Werkstoffen auch über große Entfernungen hinweg. Man unterscheidet:

Einweglichtschranken (Bild 4.14), bei denen sich der Sender und Empfänger in getrennten Gehäusen befinden, die gegenüberliegend montiert sind und

Reflexlichtschranken, bei denen sich Sender und Empfänger in einem Gehäuse befinden. Der vom Sender kommende Lichtstrahl wird von einem Tripelspiegel reflektiert (Bild 4.15).

Ausgewertet wird in beiden Fällen die Unterbrechung des Lichtstrahls.

4.1.2 Geräte zur Signalverarbeitung

Für die Signalverarbeitung bei elektrischen Kontaktsteuerungen werden vorwiegend elektrisch betätigte, also indirekt ansteuerbare Schaltglieder wie Steuerschütze oder Relais eingesetzt.

Das Schütz (Bild 4.16 und 4,17) ist im Prinzip ein elektromagnetisch betätigter Schalter, ausgelegt für hohe Schaltspielzahlen mit einer ähnlichen Kontaktanordnung wie ein Tastschalter. Je nach Ausführung wird es mit Gleich- oder Wechselstrom betrieben und ist mit Hauptkontakten zum Schalten großer Leistungen und mit Hilfskontakten zum Schalten von Kontroll- und Steuereinrichtungen bestückt. Die Schaltleistungen reichen

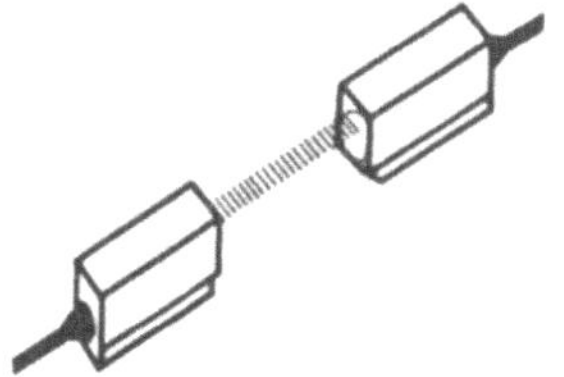

Bild 4.14 Einweglichtschranke

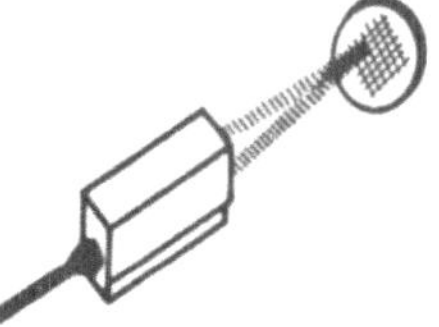

Bild 4.15 Reflexlichtschranke

Bild 4.16
Schütz für große Schaltleistungen

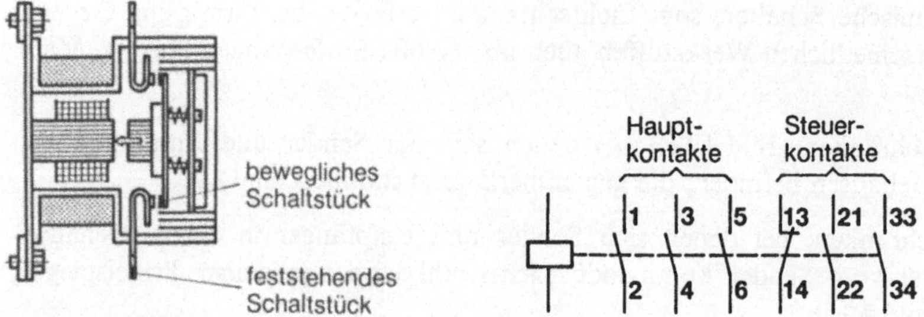

Bild 4.17 Schütz mit Schaltzeichen nach DIN 40713

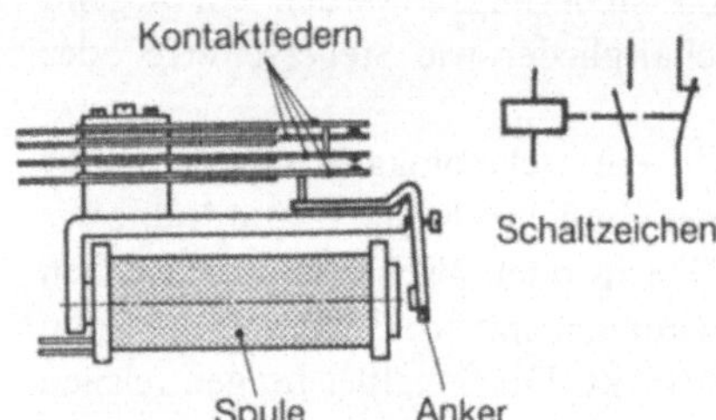

Bild 4.18
Rundrelais mit Schaltzeichen nach DIN 40713

von 1 bis über 500 kW. Liegen die Kontakte und beweglichen Teile in Öl, also in einer isolierenden Flüssigkeit, dann handelt es sich um einen Ölschütz. Am häufigsten werden Schütze ohne isolierende Flüssigkeit, sog. Luftschütze, die eine Schalthäufigkeit bis zu 3000 Schaltungen/Stunde erlauben, eingesetzt. Bei Ölschützen liegen sie, da der Abbrand der Schaltstücke unter Öl größer ist, bei etwa 60 Schaltungen/Stunde. Ölschütze werden deshalb nur, wenn notwendig, z. B in der chemischen Industrie oder in feuchter Umgebung eingesetzt. Ein Schütz, das nur mit Hilfskontakten ausgestattet ist, nennt man Hilfs- oder Steuerschütz.

Das Relais ist wie das Schütz ein elektromagnetisch fernbetätigtes Schaltelement und erfüllt die gleichen Aufgaben wie das Steuerschütz. Vom Schütz unterscheidet es sich vor allem in der Schaltleistung, die bis maximal 1kW geht, und damit in der Baugröße, und in der Ansprechzeit, die mit 1 bis 10ms wesentlich kleiner ist als beim Schütz. Der Aufbau (Bild 4.18) ist prinzipiell dem des Schütz ähnlich. Mittels eines Elektromagneten werden über den Anker Kontaktfedern, die als Kontaktfedersatz mit Öffnern und Schließern aufgebaut sind, betätigt. Verschiedene Zusatzfunktionen, wie Zeitfunktionen, machen es vielfältiger einsetzbar.

Von der Form her unterscheidet man in Rund- oder Flachrelais (Bild 4.19), von der Wirkungsweise her in monostabile und bistabile Relais, von der Funktion her in Zeit-, Haft-, Stromstoß-, Kipp-, Wischrelais u. a.

Monostabile Relais gehen nach Abschalten des Erregerstroms in die Ausgangslage zurück, bistabile bleiben in der zuletzt erreichten Schaltstellung. Mit Zeitrelais kann entweder das Einschalten, d. h. das Anziehen oder Schalten der Kontaktfedern, oder das Abschalten, d. h. das Abfallen der Kontaktfedern, verzögert werden. Man unterscheidet also Relais mit Anzugsverzögerung und Relais mit Abfallverzögerung. Die Verzögerungszeit geht von wenigen Millisekunden bis Minuten, die über Kondensatorschaltungen oder Synchronmotor mit Kontaktbetätigung erreicht wird. Immer mehr werden elektronisch arbeitende Zeitrelais, die über digitale Vorwählschalter mit Ziffernanzeige exakt einstellbar sind, eingesetzt (Bild 4.20).

Das Haftrelais ist ein monostabil arbeitendes Relais, die Schaltglieder verbleiben auch nach Wegnahme des Steuersignals im geschalteten Zustand, die Verriegelung erfolgt magnetisch. Zum Rückschalten ist ein Gegensignal notwendig. Beim Sperr- oder Kipprelais erfolgt die Verriegelung dagegen mechanisch.

Mit dem Wischrelais können die Ausgangssignale von Dauer- in Impulssignale geformt werden.

Bei der Signalverarbeitung werden mit Hilfe der Relais und Steuerschütze Signale vervielfacht, zugeschaltet oder unterdrückt und mit speziellen Relais zeitlich geformt.

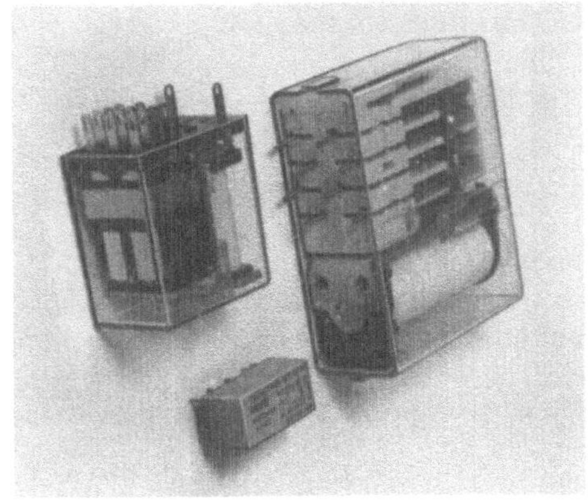

Bild 4.19
Relais für kleine Schaltleistungen

Bild 4.20
Zeitrelais

4.1.3 Geräte zur Signalausgabe

Geräte zur Signalausgabe bilden die Schnittstelle zwischen Energie- und Steuerteil einer Steuerkette, es sind die Stellantriebe der Stellglieder.

Bei rein elektrischen Steuerungen sind dies hauptsächlich Leistungsschütze, bei elektropneumatischen und elektrohydraulischen Steuerungen nichtdrosselnde oder drosselnde Wegeventile. Die Stellantriebe für beide Stellglieder sind Stellmagnete. Für die Pneumatik- und Hydraulikventile sind diese Betätigungsmagnete in Kapitel 2 und 3 ausführlich dargestellt.

4.2 Schaltpläne und Schaltzeichen

Für elektrische Einrichtungen, also auch für elektropneumatische und elektrohydraulische Steuerungen, sind Schaltungsunterlagen nach IEC 113-1/DIN 40719 T1 notwendig. Sie dienen zur Erläuterung der Funktion der Schaltung und vermitteln Angaben zur Herstellung und Erhaltung elektrischer Anlagen. Im einzelnen sind dies:
- Schaltpläne in ein- oder mehrpoliger Darstellung
- Schaltpläne in zusammenhängender oder aufgelöster Form.
- Ablaufdiagramme oder -tabellen
- Verdrahtungspläne
- Anschlußpläne
- Anordnungspläne in lagerichtiger Anordnung u. a.

Ergänzend zu diesen Schaltungsunterlagen gibt es noch die prozeßorientierte Darstellung nach IEC-Entwurf/DIN 40719 T6 mit dem Funktionsplan

4.2.1 Schaltzeichen, Kennzeichnung elektrischer Betriebsmittel

Für die elektrischen Kontaktsteuerungen sind Schaltpläne nach DIN 40719 und Schaltzeichen nach DIN 40900, mit denen die Schaltpläne darzustellen sind, die wichtigsten Schaltungsunterlagen.

In der Tabelle 4.1 sind die am häufigsten benötigten Schaltzeichen zusammengefaßt. Sie basieren auf folgenden nationalen Vorschriften: DIN 40700, DIN 40703, DIN 40711 bis 40715 und DIN 40900.

Ein weiteres Ordnungsmittel für die elektrischen Kontaktsteuerungen ist die Kennzeichnung der elektrischen Betriebsmittel nach IEC 750/DIN 40719, die die Beziehung zwischen den verschiedenen Schaltungsunterlagen und dem Betriebsmittel in der Anlage herstellt. Die Kennzeichnung erfolgt in den Schaltungsunterlagen in unmittelbarer Nähe des Schaltzeichens und kann für Wartungszwecke auch ganz oder teilweise am oder in der Nähe des Betriebsmittels angebracht werden. Das gesamte Kennzeichen ist in vier Kennzeichnungsblöcke, die zur Unterscheidung voneinander mit Vorzeichen versehen sind, aufgeteilt.

Block 1: Übergeordnete Zuordnung. Daraus geht die Wechselbeziehung mit anderen Teilen der Anlage hervor.

Block 2: Ort des Betriebsmittels.

Tabelle 4.1 Schaltzeichen elektrischer Betriebsmittel nach DIN

Leitungen, Verbindungen	Verbindung von Leitern	●
	Anschluß (z.B. Klemme) Anmerkung: Der Kreis darf ausgefüllt werden.	○
	Abzweig von Leitern — Form 1	
	Form 2	
	Doppelabzweig von Leitern — Form 1	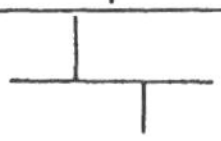
	Form 2	
Steuergeräte	Tastschalter mit Schließer, handbetätigt durch Drücken, z.B. Taster	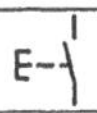
	Tastschalter mit Öffner, handbetätigt durch Drücken, z.B. Taster	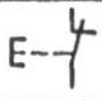
	Tastschalter mit Schließer und Öffner, handbetätigt durch Drücken	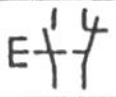
	Tastschalter mit Raststellung und 1 Schließer, handbetätigt durch Drücken	
	Tastschalter mit Raststellung und 1 Öffner Betätigung allgemein	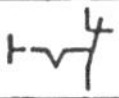
	Tastschalter mit Schließer, mechanisch betätigt, z.B. Positionsschalter/Endlagenschalter (Grenztaster)	
	Tastschalter mit Öffner, mechanisch betätigt, z.B. Positionsschalter/Endlagenschalter (Grenztaster)	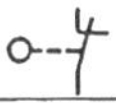
	Näherungsschalter, induktiv, Öffnerverhalten	
	Näherungsschalter, induktiv, Schließerverhalten	
	Näherungsschalter, allgemein, Blockschaltbild	
	Druckwächter, schließend	
	Druckwächter, öffnend	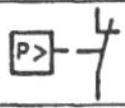
	Schwimmerschalter, schließend	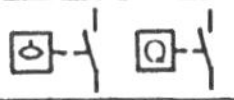
	Schwimmerschalter, öffnend	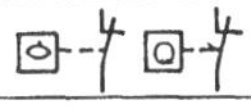
Antriebe	Handbetätigung allgemein	
	Handbetätigung durch Drücken	
	Handbetätigung durch Ziehen	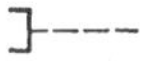
	Handbetätigung durch Drehen	
	Handbetätigung durch Schlüssel	
	Betätigung durch Fühler allgemein, z.B. Rolle	
	Kraftantrieb allgemein	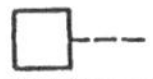

Tabelle 4.1 Fortsetzung

	Benennung	Symbol
	Schaltschloß mit mechanischer Freigabe	
	Motorantrieb	
	Raste	
	Betätigung durch elektromagnetischen Überstromauslöser	
	Betätigung durch thermischen Überstromauslöser	
	Betätigung durch Fehlerstromauslöser	
	Elektromechanische Betätigung	
	Betätigung durch Füllstandspegel	
	Betätigung durch Druck eines Mediums	
Antriebe, elektromechanisch, elektromagnetisch	Antrieb allgemein, z.B. Relais, Schütz	
	Antrieb mit besonderen Eigenschaften, allgemein	
	Antrieb mit Anzugsverzögerung für Relais, Schütze	
	Antrieb mit Abfallverzögerung für Relais, Schütze	
	Antrieb mit Anzugs- und Abfallverzögerung für Relais, Schütze	
	Elektromagnetischer Überstromauslöser (Kurzschlußauslöser)	
	Elektrothermischer Überstromauslöser	
	Fehlerstromauslöser	
Schaltglieder	Schließer	
	Öffner	
	Wechsler	
	Schließer mit verlängerter Kontaktgabe	
	Öffner mit verlängerter Kontaktgabe	
	Schließer mit verzögerter Kontaktgabe, schließt verzögert	
	Öffner mit verzögerter Kontaktgabe, öffnet verzögert	
	Schließer mit verzögerter Kontaktgabe, öffnet verzögert	
	Öffner mit verzögerter Kontaktgabe, schließt verzögert	

Tabelle 4.2 Kennbuchstaben für die Kennzeichnung der Art eines elektrischen Betriebsmittels

Kennbuchstabe	Art des Betriebsmittels	Beispiel
A	Baugruppe, Teilbaugruppe	Gerätekombinationen, Verstärker, Ladegeräte, Laser
B	Umsetzer von nichtelektr. in elektr. Größen und umgekehrt	Meßumformer, Fotozellen, Mikrofone, Thermozellen
C	Kondensatoren	
D	Verzögerungs-, Speichereinrichtungen, binäre Elemente	Verknüpfungsglieder, monostabile-, bistabile Elemente, Kernspeicher
E	Verschiedenes	Beleuchtungen, Heizungen
F	Sicherungen	Sicherungen, Schutzrelais, Überspannungsauslöser
G	Generatoren, Stromversorgungen	Generatoren, Batterien, Taktgeneratoren, Netzgeräte
H	Meldeeinrichtungen	Optische und akustische Meldegeräte
K	Schütze, Relais	Leistungsschütze, Hilfsschütze, Zeitrelais
L	Induktivitäten	Drosselspulen
M	Motoren	
N	Verstärker, Regler	Einrichtungen der analogen Steuerungs- und Regelungstechnik
P	Meßgeräte, Prüfeinrichtungen	Strommesser, Spannungsmesser, Leistungsmesser, Zähler
Q	Starkstrom-Schaltgeräte	Leistungsschalter, Trennschalter
R	Widerstände	einstellbare Widerstände, Festwiderstände
S	Schalter, Wähler	Tastschalter, Endschalter, Wahlschalter, Signalgeber
T	Transformatoren	Netz-, Trenn-, Steuertrafos
U	Modulatoren, Umsetzer	Umformer, Frequenzwandler, Kodiereinrichtungen
V	Röhren, Halbleiter	Elektronenröhren, Dioden, Transistoren, Thyristoren
W	Übertragungswege	Schaltdrähte, Leitungen, Kabel, Antennen
X	Klemmen, Stecker, Steckdosen	Klemmleisten, Lötleisten, Trennstecker, -steckdosen
Y	Elektrisch betätigte mechanische Einrichtungen	Ventile, Bremsen, Kupplungen
Z	Abschlüsse, Filter, Begrenzer	Kabelnachbildungen, Kristallfilter, Dynamikregler

Tabelle 4.3 Kennbuchstaben für die Kennzeichnung der Funktion eines elektrischen Betriebsmittels

Kennbuchstabe	Allgemeine Funktion	Kennbuchstabe	Allgemeine Funktion
A	Hilfsfunktion, Funktion Aus	N	Messung
B	Bewegungsrichtung	P	Proportional
C	Zählung	Q	Zustand
D	Differenzierung	R	Rückstellung, löschen
E	Funktion Ein	S	Speichern, aufzeichnen
F	Schutz	T	Zeitmessung, verzögern
G	Prüfung	V	Geschwindigkeit
H	Meldung	W	Addieren
J	Integration	X	Multiplizieren
K	Tastbetrieb	Y	Analog
L	Leiterkennzeichnung	Z	Digital
M	Hauptfunktion		

Block 3: Identifizierung des Betriebsmittels nach
Art,
Zählnummer und
Funktion.
Block 4: Anschluß und Leiterbezeichnung.
Folgende Reihenfolge wird bevorzugt:

1 2 3.1 3.2 3.3 4
= |Zuordnung| + |Ort|-|Art Zählnummer Funktion|:|Anschluß|

In der Regel genügen zur vollständigen Identifizierung eines Betriebsmittels die Angaben aus dem Kennzeichnungsblock 3, wobei folgende Kombinationen üblich und zulässig sind:
1) Art, Zählnummer und Funktion
2) Art und Zählnummer
3) Zählnummer und Funktion oder nur
4) Zählnummer.
Die unter 2) angegebene Kombination wird dabei am häufigsten angewandt. In der Tabelle 4.2 ist ein Teil der Kennbuchstaben für die Kennzeichnung der Art eines Betriebsmittels und in Tabelle 4.3 für die Kennzeichnung der Funktion nach DIN 40719 T2 zusammengestellt.

4.2.2 Schaltpläne, Verdrahtungspläne

Mit Schaltplänen nach DIN 40719 werden elektrische Einrichtungen im strom- bzw. spannungslosen Zustand dargestellt. Man unterscheidet dabei:

Übersichtsschaltpläne. Sie sind die vereinfachte Darstellung einer Schaltung mit ihren wesentlichen Bestandteilen. Die Gliederung und Arbeitsweise der Schaltung werden gezeigt.

Stromlaufpläne. Sie sind die ausführliche Darstellung einer Schaltung mit allen ihren Einzelheiten und zeigen deren Arbeitsweise. Stromlaufpläne werden einpolig oder mehrpolig in zusammenhängender oder aufgelöster Darstellung gezeichnet.

Ersatzschaltpläne. Sie sind erläuternde Schaltpläne in besonderer Ausführung für die Berechnung und Analyse von Stromkreisen.

In Bild 4.21 ist eine Motorsteuerung im Übersichtsschaltplan dargestellt. Er zeigt in stark vereinfachter Form und meist einpoliger Darstellung die wesentlichen Teile der elektrischen Anlage. In der Regel werden nur die Hauptstromkreise mit den Schaltkurzzeichen nach DIN 40900 dargestellt.

In Bild 4.22 ist für diese Motorsteuerung der Stromlaufplan in zusammenhängender Darstellung, der früher als Wirkschaltplan bezeichnet wurde, gezeichnet. Der Drehstrommotor M1 wird mit den Tastschaltern S1 und S2 über den Schütz K1, das Stellglied, ein- und ausgeschaltet. Zu den Besonderheiten dieses Schaltplans gehören:

Durch die zusammenhängende Darstellung – also keine Trennung in Steuer- und Hauptstromkreise – ist das Zusammenwirken der einzelnen Teile der Steuerung gut erkennbar. Bei umfangreicheren Steuerungen wird der Schaltplan zwangsläufig weniger übersichtlich.

Der Aufbau des Schaltplans erfolgt nach Funktionsgruppen. Bei dem Beispiel in Bild 4.22 sind dies:

Die Spannungsversorgung, bestehend aus den Spannungsschienen und den Sicherungen F1 und F2.

Die Schalteinrichtung A1, bestehend aus Schütz K 1 und dem elektrothermischen Überstromauslöser F3.

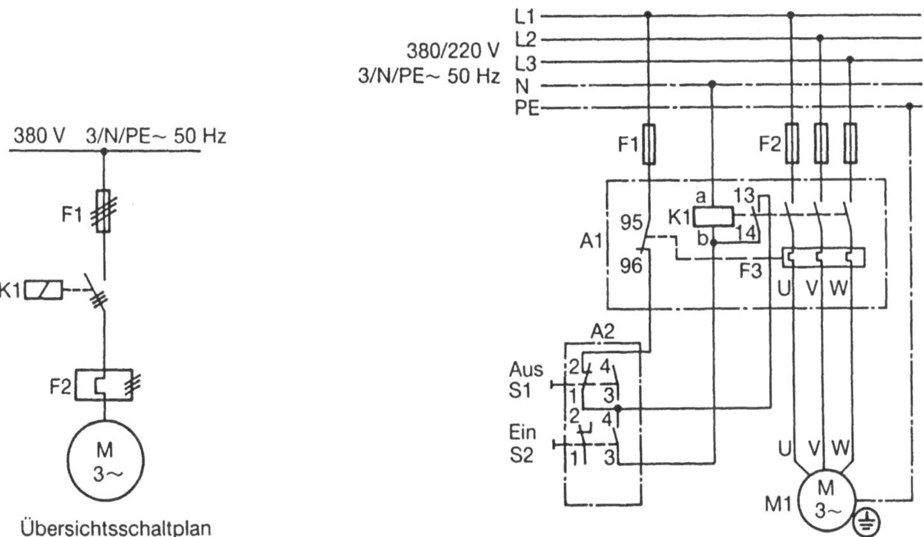

Bild 4.21 Übersichtsschaltplan

Bild 4.22 Stromlaufplan in zusammenhängender Form

Die Steuereinrichtung A2, bestehend aus den Tastschaltern S1 und S2. Der Drehstrommotor M1.

In Bild 4.23 ist für dieselbe Motorsteuerung nun der Stromlaufplan in aufgelöster Form, den man früher nur Stromlaufplan nannte, dargestellt. Bei dieser Art wird für bestimmte Schaltungen, z. B. für Schützschaltungen, ein Unterteilung in Haupt- und Steuerstromkreise vorgenommen, für die dann auch getrennte Stromlaufpläne erstellt werden.

Der Stromlaufplan in aufgelöster Darstellung ist die ausführliche Darstellung einer Schaltung mit allen ihren Einzelteilen. Die Schaltzeichen für die elektrischen Betriebsmittel sind so angeordnet, daß jeder Strom- oder Signalweg möglichst geradlinig verläuft und leicht zu verfolgen ist. Die räumliche Anordnug und der mechanische Zusammenhang der einzelnen Teile werden nicht berücksichtigt. Das Schema des Aufbaus eines Stromlaufplanes in aufgelöster Darstellung zeigt Bild 4.24. Im einzelnen werden folgende Kennzeichnungen bzw. Baugruppen dargestellt:

- Funktionskennzeichnung
- Spannungschienen
- Stromwege mit Funktionseinheiten
- Stromwegkennzeichnung
- Schaltgliedzuordnungen.

Zusammenfassend ist bei der Darstellung der Stromlaufpläne folgendes zu berücksichtigen:

Die Anordnung der Stromwege erfolgt senkrecht zwischen den waagrecht angeordneten Sammelschienen.

In der Regel sollen elektrische Betriebsmittel und Schaltglieder nur in den senkrecht verlaufenden Leitungen der Stromwege angeordnet werden.

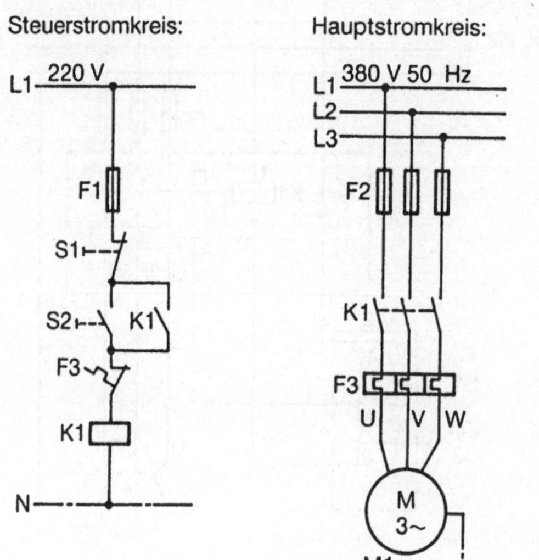

Bild 4.23
Stromlaufplan in aufgelöster Form

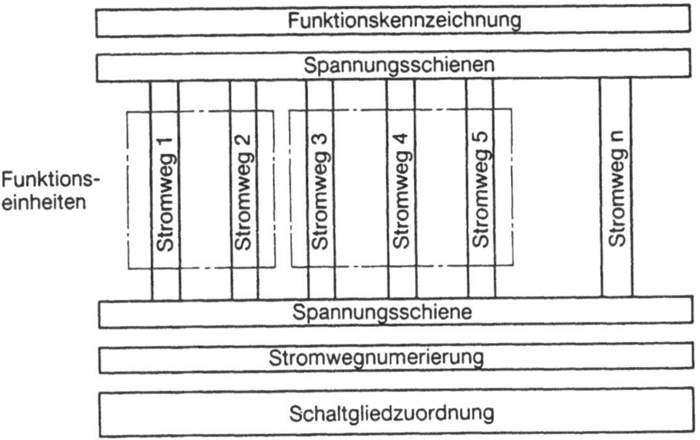

Bild 4.24 Räumliche Anordnung eines Stromlaufplans in aufgelöster Form

Der Stromfluß erfolgt von oben nach unten.

Leitungskreuzungen sind zu vermeiden.

Elektrische Betriebsmittel werden stets im stromlosen Zustand und Schaltglieder nicht betätigt dargestellt. Wird davon abgewichen, so muß dies deutlich kenntlich gemacht werden.

Bei den Schaltzeichen ist darauf zu achten, daß die Betätigung von links nach rechts erfolgt. Dadurch ergibt sich die Anordnung der Symbole für die Betätigungsart auf der linken Seite.

Verbraucher wie Magnetwicklungen, Melder, Lampen u. a. müssen direkt mit der unteren Sammelschiene und in geerdeten Netzen mit dem geerdeten Pol verbunden sein. Es dürfen keine Schaltglieder dazwischen angeordnet sein.

Zur übersichtlicheren Darstellung einzelner Geräte kann das jeweilige Gerätesymbol vollständig unterhalb des Stromlaufplanes gezeichnet werden.

Schaltglieder und Betriebsmittel oder Geräte werden nach DIN gekennzeichnet, also in der Regel mit Kennbuchstaben und Zählnummer versehen.

Steuer- und Hauptstromkreise sind getrennt zu zeichnen. Nach Möglichkeit ist de Steuerstromkreis unter dem Hauptstromkreis anzuordnen.

Verdrahtungspläne zeigen die inneren oder/und äußeren Leitungsverbindungen zwischen den elektrischen Betriebsmitteln. Sie geben im allgemeinen keinen Aufschluß über deren Wirkungsweise. Anstelle von Verdrahtungsplänen können auch Verdrahtungstabellen verwendet werden. Man unterscheidet dabei zwischen:

Geräteverdrahtungsplan, der die Verbindungen innerhalb eines Geräts oder einer Gerätekombination zeigt.

Verbindungsplan, der die Verbindungen zwischen den Geräten innerhalb einer Anlage zeigt.

Anschluß- oder Kontaktplan.

Anordungsplan, der die räumliche Darstellung der elektrischen Betriebsmittel zeigt. Sie muß nicht maßstäblich sein.

4.3 Beispiele elektrischer Kontaktsteuerungen bei elektropneumatischen und elektrohydraulischen Steuerungen

Zur vollständigen Darstellung elektropneumatischer und elektrohydraulischer Steuerungen sind neben dem elektrischen Schaltplan wie im vorhergehenden Kapitel beschrieben, noch der Pneumatik- oder der Hydraulikschaltplan nach der VDI-Richtlinie 3226 und das Funktionsdiagramm nach VDI-Richtlinie 3260 notwendig.

Mit dem Pneumatik- oder Hydraulikschaltplan wird der Energieteil der Steuerung dargestellt. Er muß deshalb sinngemäß alle Bauelemente, wie Wege-, Strom-, Sperr- und Druckventile, die für den Antrieb des Arbeitsgliedes also des Zylinders oder Motors notwendig sind (s. auch Kap. 1.3), enthalten. Die Verknüpfung mit dem elektrischen oder elektronischen Steuerteil erfolgt über den Stellantrieb des Stellgliedes, also über den Schalt- oder Proportionalmagneten des Wegeventils; bei Proportionalsteuerungen z. T. auch über den Proportionalmagneten des Druckventils.

Das Funktionsdiagramm wird bei einfachen Schaltungen auf das reine Weg-Schritt-Diagramm reduziert.

Mit einigen Beispielen soll nun in diesem wie in den folgenden Kapiteln die Darstellung elektropneumatischer und elektrohydraulischer Steuerungen gezeigt werden.

4.3.1 Elektropneumatische Steuerungen

Ein doppeltwirkender Pneumatikzylinder soll so gesteuert werden, daß er durch Impulssignale, die von Hand über Tastschalter eingegeben werden, sowohl aus- als auch zurückfährt. Als Stellglied wird ein monostabiles, also selbstrückstellendes 5/2-Wegeventil verwendet. Bild 4.25 zeigt für diese Steuerung das Weg-Schritt-Diagramm des Funktionsplanes, den Pneumatikschaltplan und den Stromlaufplan nach DIN mit dem Gerätesymbol des Steuerschütz oder Relais. Da das Wegeventil monostabil, also selbstrückstellend ist, muß aus dem Impulssignal der Handeingabe ein Dauersignal als Ansteuerung für den Betätigungsmagneten Y5 geformt werden. Über den Schließer K2 im Stromweg 3, die sog. Selbsthaltung, wird das Eingabesignal durch Dauererregung des Steuerschütz gespeichert. Der Schließer K2 im Stromweg 5 bleibt geschlossen, der Betätigungsmagnet erregt. Wird der Tastschalter S1 betätigt, wird der Stromweg 2 unterbrochen, das Schütz fällt ab, das Wegeventil stellt zurück und der Zylinder fährt zurück. Der Leuchtmelder H3 zeigt an, wenn der Zylinder ausfährt bzw. in vorderer Endlage ist.

Die Schaltung einer elektropneumatischen Steuerung für einen doppeltwirkenden Zylinder mit selbsttätigem, zeitverzögertem Rücklauf ist in Bild 4.26 dargestellt. Über das Signalglied S2 wird das Relais K2 mit Zeitverzögerung geschaltet, damit der Stromweg 4 unterbrochen, und das Schütz K4 fällt ab.

In Bild 4.27 ist die Ablaufsteuerung einer Bohreinheit für folgende Randbedingungen dargestellt:

Wahlschaltung für „Einrichten“ und „Automatikbetrieb“

Der Vorschubzylinder darf erst vorlaufen, wenn im Spannzylinder ein bestimmter Druck erreicht ist, der über den Druckschalter S6 kontrolliert wird.

Alle Bewegungen und Stellungen des Zylinders werden über Leuchtmelder angezeigt.

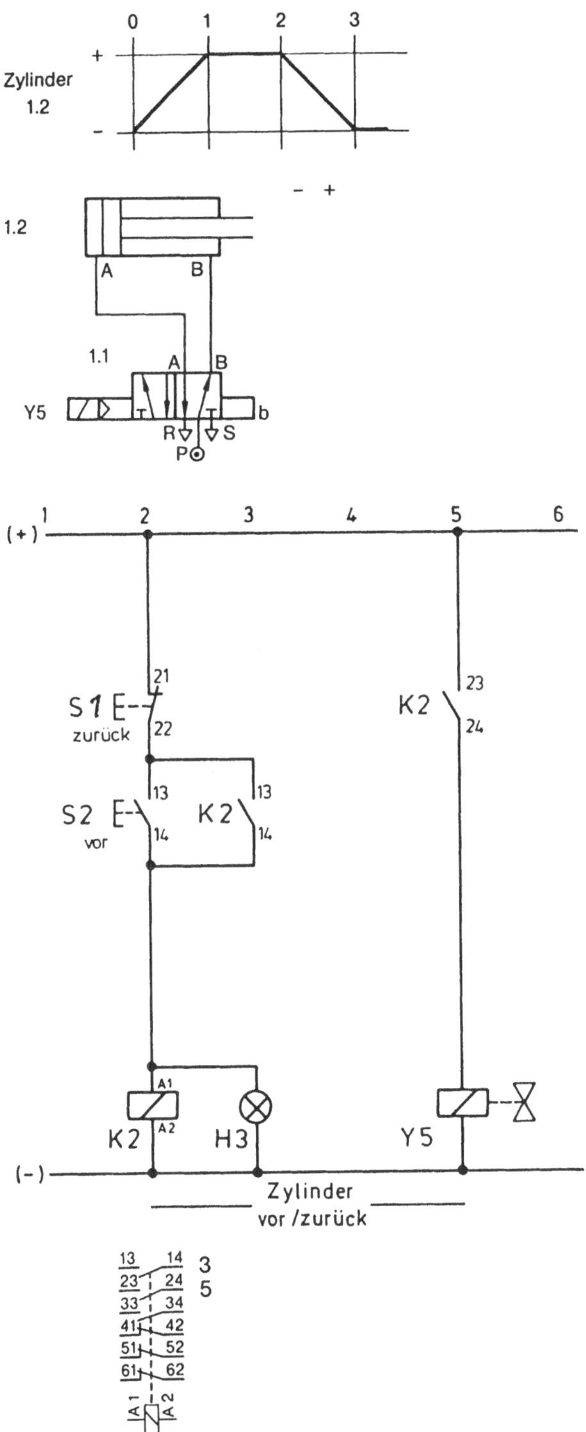

Bild 4.25 Elektropneumatische Steuerung für einen doppeltwirkenden Pneumatikzylinder

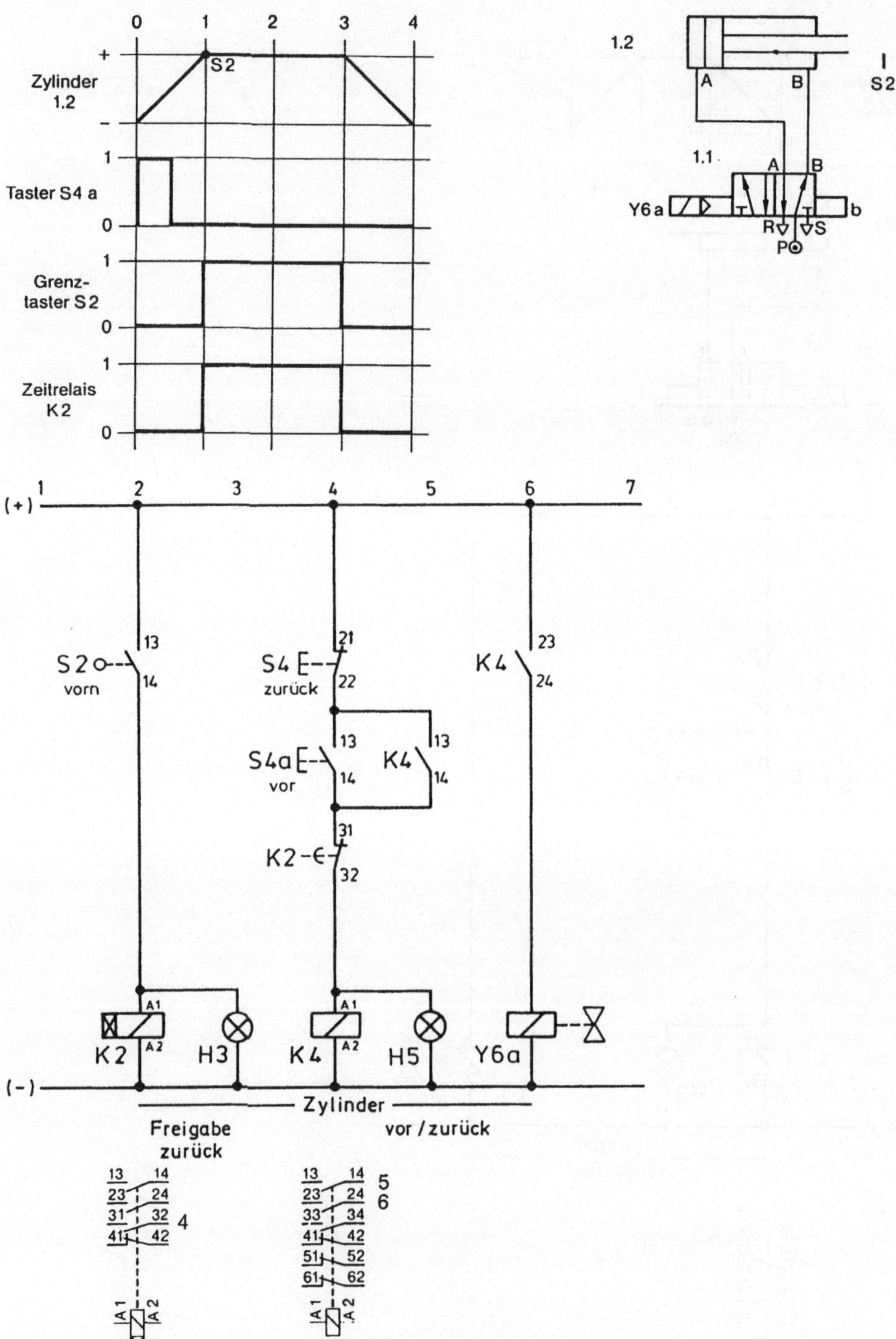

Bild 4.26 Elektropneumatische Steuerung für einen doppeltwirkenden Pneumatikzylinder mit selbstätigem, zeitverzögertem Rücklauf

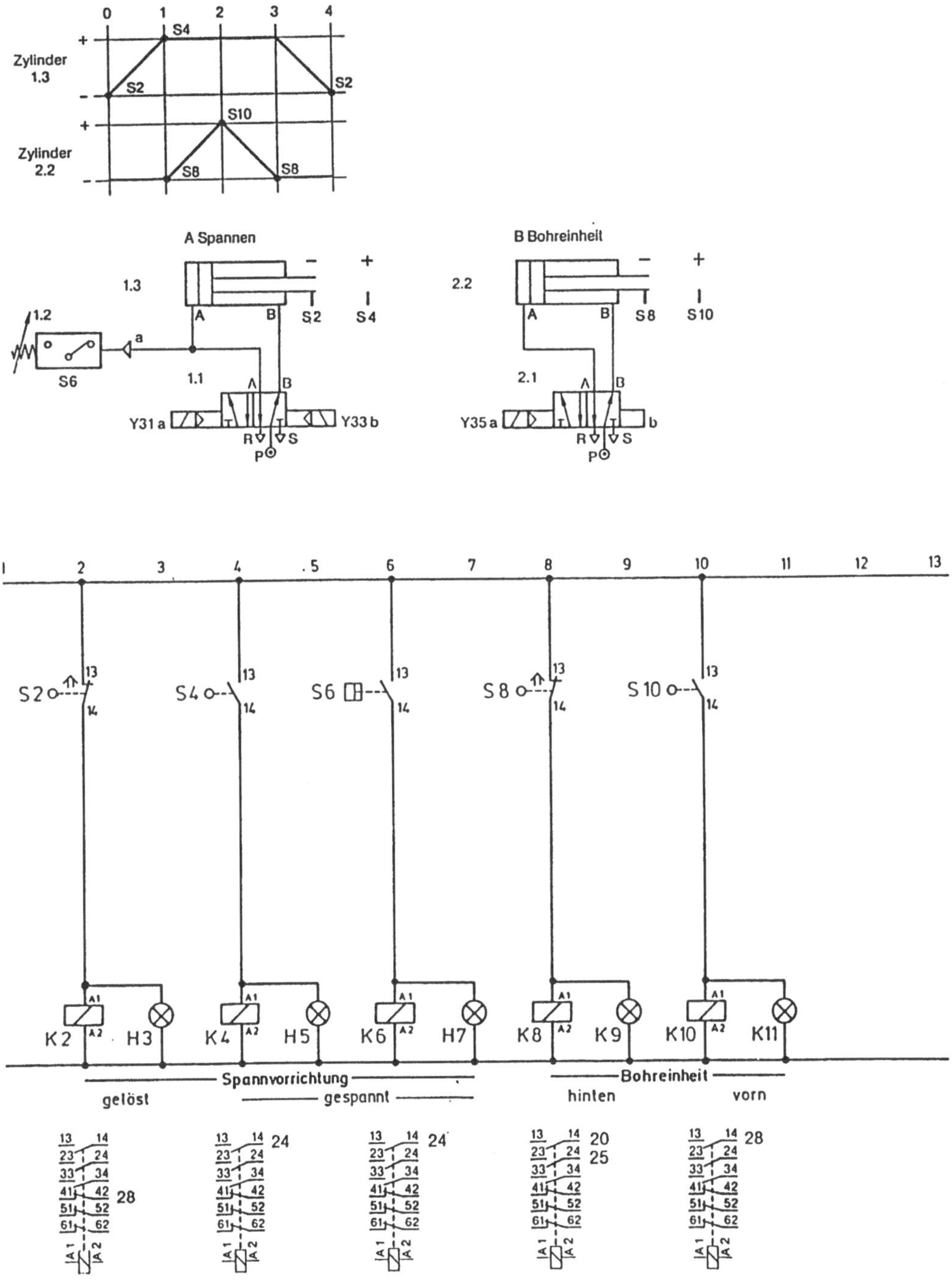

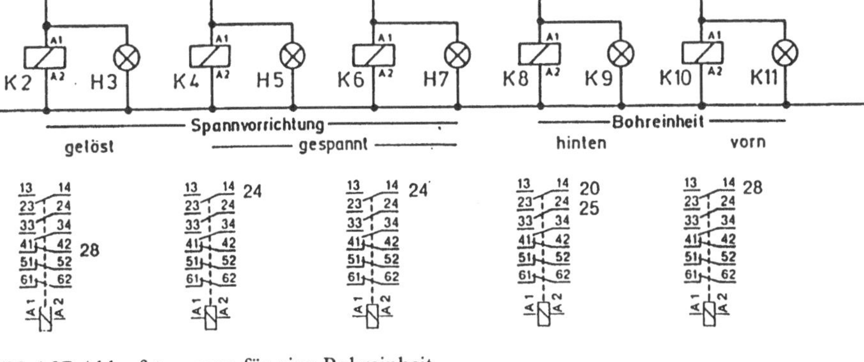

Bild 4.27 Ablaufsteuerung für eine Bohreinheit

(+)
(−)
S15
E A
zurück
S 20
entspannen
S22
spannen
S 24
S 24a
vor
K 8
K15
K17
K20
K22
K24
K28
K4
K6
H18
H21
H23
H25
Vorwahl
Einrichten
Automatik
Spannvorrichtung
entspannen
spannen
Bohreinheit
vor / zurück
K 24
K 10
K28
K 2
K 17
K 22
K 20
K 28
H29
Y31a
Y33b
Y35a
Bohreinheit
Fertigmeldung
Spannvorrichtung
spannen
entspannen
Bohreinheit
vor /zurück

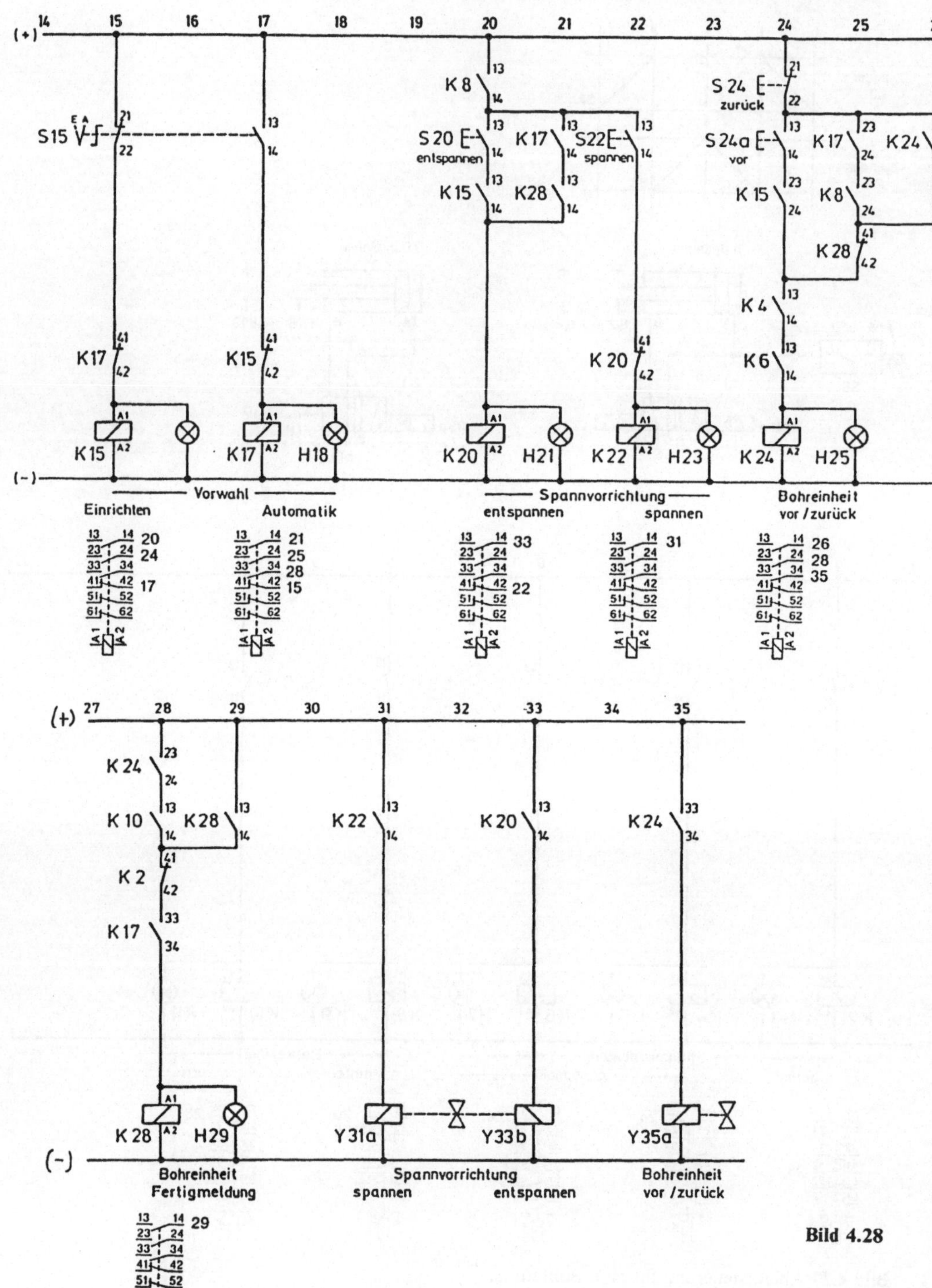

Bild 4.28

Lageplan

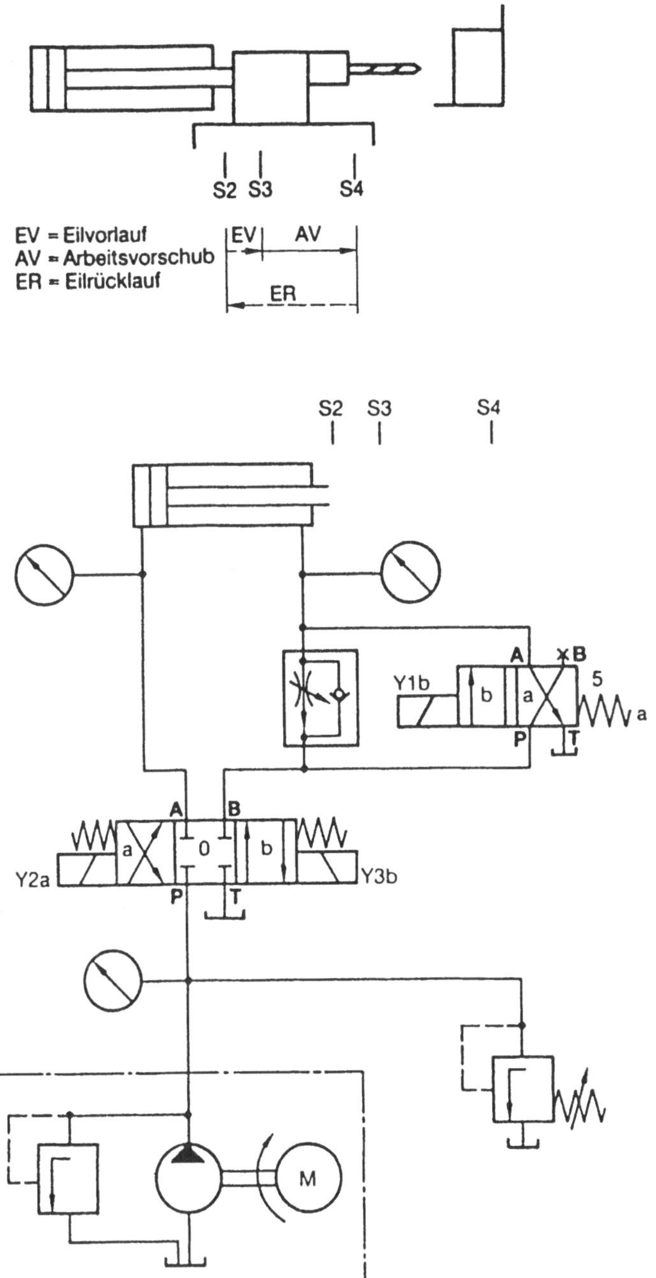

Bild 4.28 Lageplan und Hydraulikschaltplan für eine elektrohydraulische Eilgang-Vorschub-Schaltung

Aus dem Stromlaufplan ist zu ersehen, daß der Aufwand schon bei wenigen Randbedingungen verhältnismäßig groß wird, so daß sich der Einsatz einer speicherprogrammierbaren Steuerung (Kap.6) anbietet.

Bei den Stromlaufplänen zu den oben beschriebenen Steuerungen sind sowohl die ausführlichen Gerätesymbole für die Steuerschütze bzw. Relais, als auch die Nummern der Anschlüsse angegeben.

4.3.2 Elektrohydraulische Steuerungen

Für eine elektrohydraulische Eilgang-Vorschub-Schaltung sind im Bild 4.28 der Lageplan und der Hydraulikschaltplan und im Bild 4.29 der Stromlaufplan dargestellt. Die Steuerung hat folgenden Funktionsablauf:
Der Bohrschlitten soll im Eilgang (EV) an das Werkstück heranfahren.
Dann wird durch den Endschalter S3 auf Arbeitsvorschub (AV) umgeschaltet.
Nach Beendigung des Bohrvorgangs wird durch den Endschalter S4 der Bohrschlitten im Eilgang in Endstellung zurückgefahren.
Die Endstellung des Schlittens wird durch den Endschalter S2 quittiert.
Außerdem sind noch folgende Randbedingungen zu erfüllen:

Die Steuerung muß von Einrichtebetrieb auf Automatikbetrieb umschaltbar sein.
Bei Ausfall des Endschalters S3 darf kein Eilvorlauf, um Werkzeugbruch zu vermeiden, möglich sein.

Ein weiteres Anwendungsbeispiel für eine elektrohydraulische Steuerung mit Schaltventilen ist die im folgenden beschriebene hydraulische Spann- und Vorschubsteuerung für eine Fräsmaschine, die auch mit Proportionalventilen ausgeführt werden kann (Kap.5.3).

An einer Fräsmaschine wird durch Betätigen der Starttaste S18 das Werkstück gespannt. Der Spannzylinder fährt mit kleinem Druck vor, damit das Werkstück durch die Spannklauen nicht beschädigt wird. Wird über den Endschalter S19 die vordere Position des Spannzylinders bestätigt, wird nach einer einstellbaren Zeitverzögerung automatisch auf den höheren Spanndruck, der zur Bearbeitung des Werkstücks notwendig ist, geschaltet. Mit dem Druckschalter S30 wird dieser Druck überwacht, und der Arbeitsschlitten mit dem Fräswerkzeug fährt im Eilgang bis zum Werkstück aus. Der Endschalter S15 schaltet den Schlitten auf Arbeitsgeschwindigkeit um, das Werkstück wird bearbeitet. Nach dem Arbeitshub wird über den Endschalter S16 nach kurzer Zeitverzögerung auf Eilrücklauf geschaltet. Kurz vor Erreichen der hinteren Endlage wird mit dem Endschalter S17 auf Schleichgang geschaltet, und der Arbeitsschlitten fährt langsam in Ausgangsposition zurück. Gleichzeitig wird das Werkstück entspannt. Bild 4.30 zeigt das ausführliche Funktionsdiagramm für diese Steuerung, Bild 4.31 den Hydraulikschaltplan. Der elektrische Schaltplan, der Stromlaufplan für die Steuerung mit Schaltventilen ist in Bild 4.32 dargestellt.

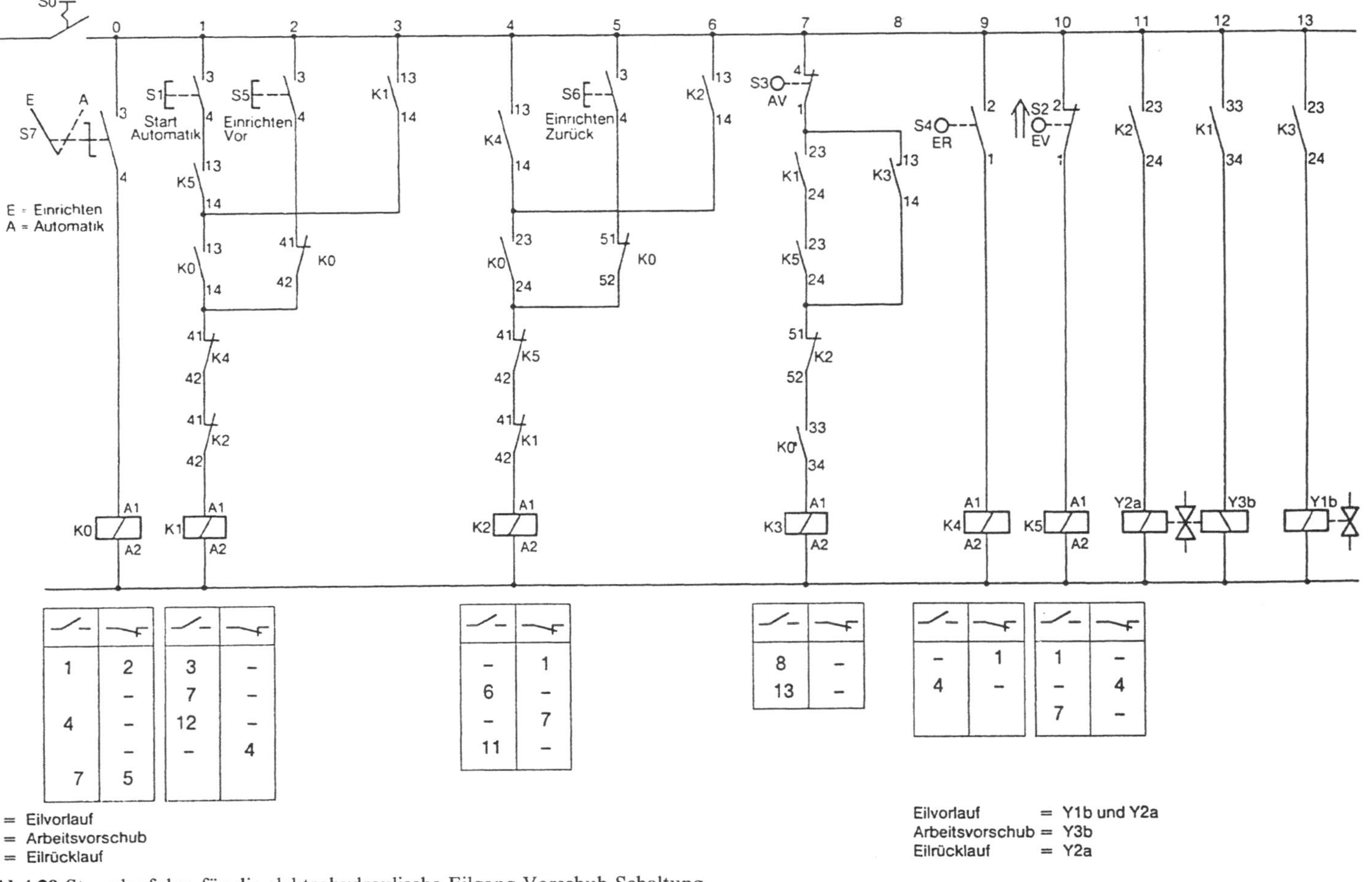

Bild 4.29 Stromlaufplan für die elektrohydraulische Eilgang-Vorschub-Schaltung

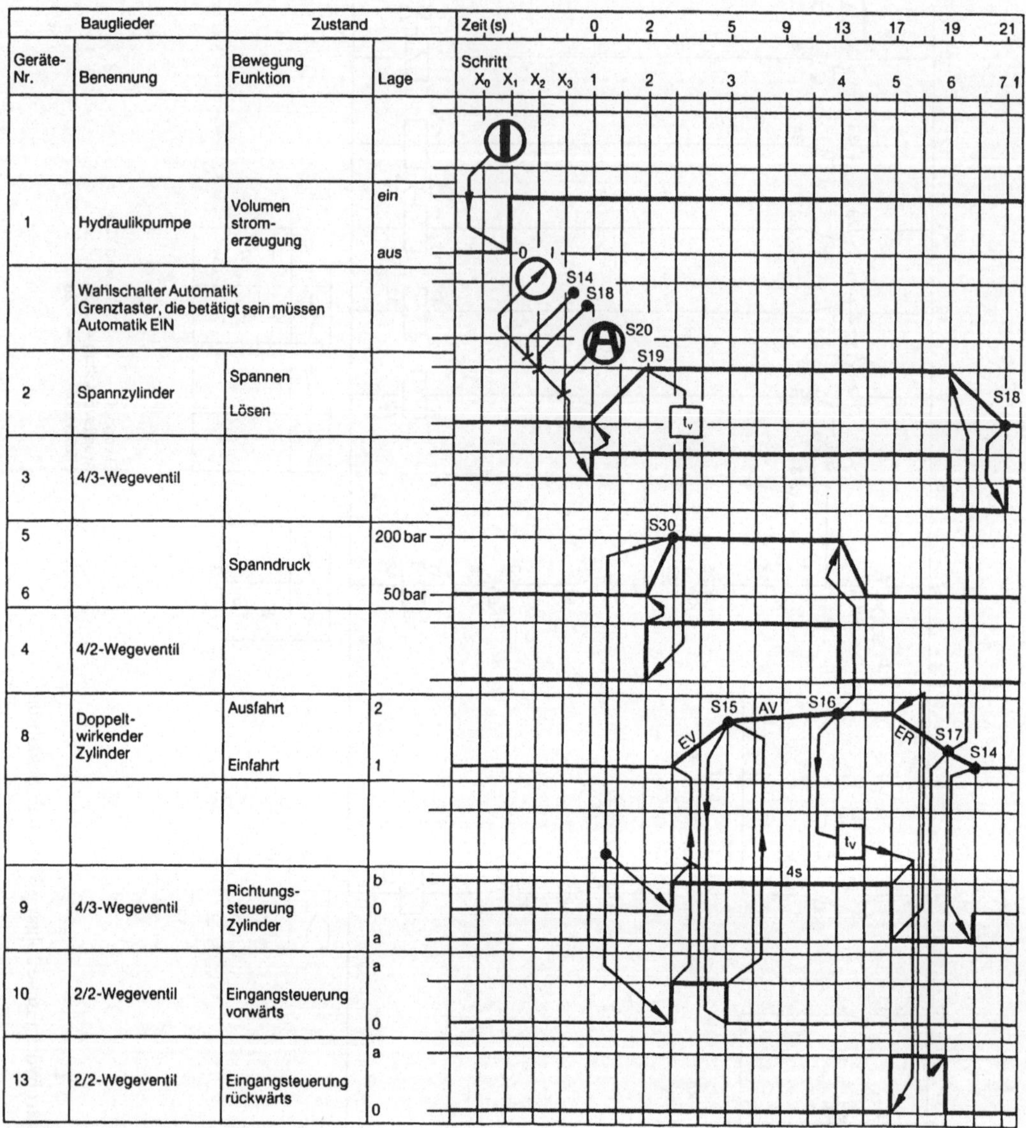

TN 77, Dis. 9d, 7.5.90 · Diagramm 4.30

Bild 4.30 Hydraulische Spann- und Vorschubsteuerung einer Fräsmaschine; Funktionsdiagramm

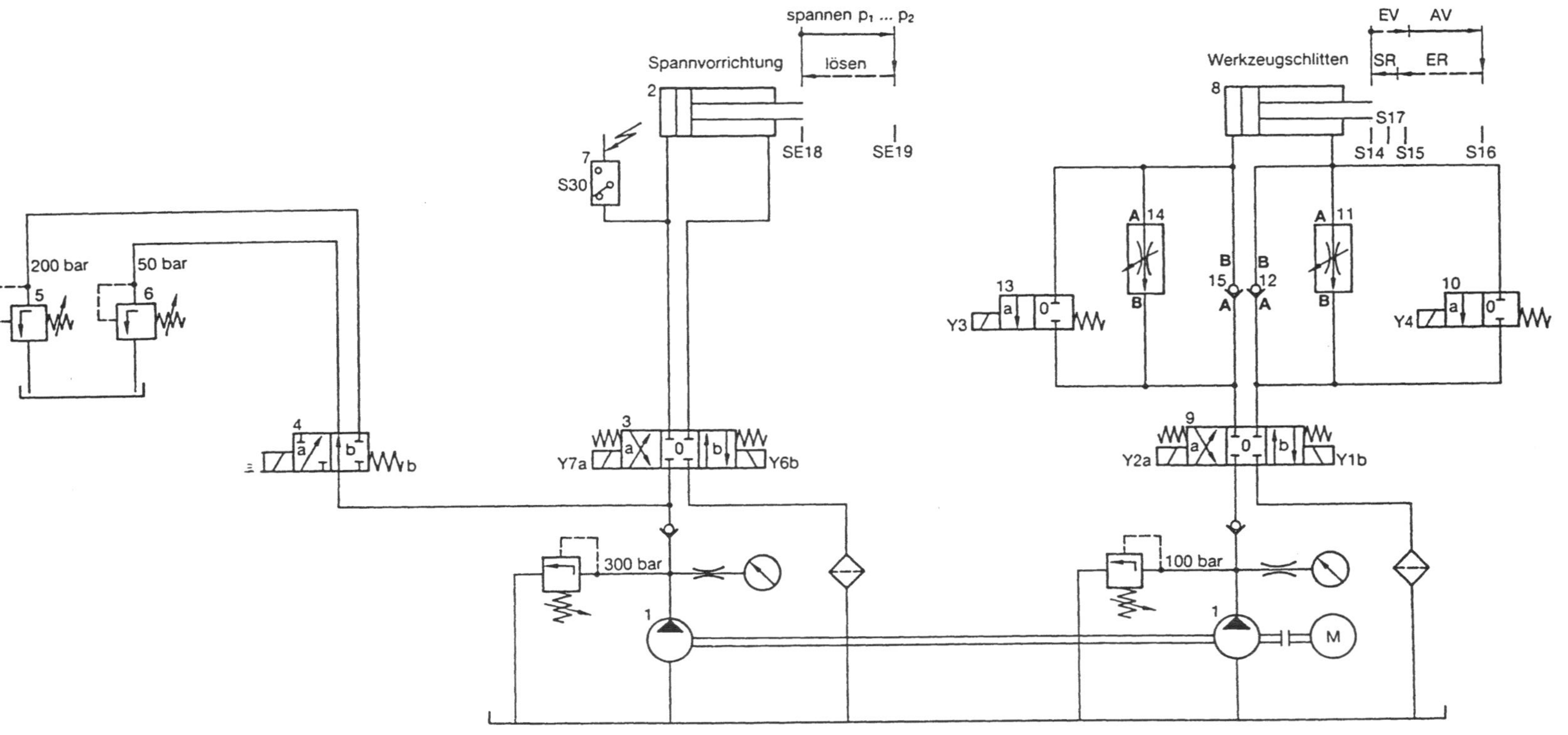

Bild 4.31 Hydraulische Spann- und Vorschubsteuerung einer Fräsmaschine; Hydraulikschaltplan

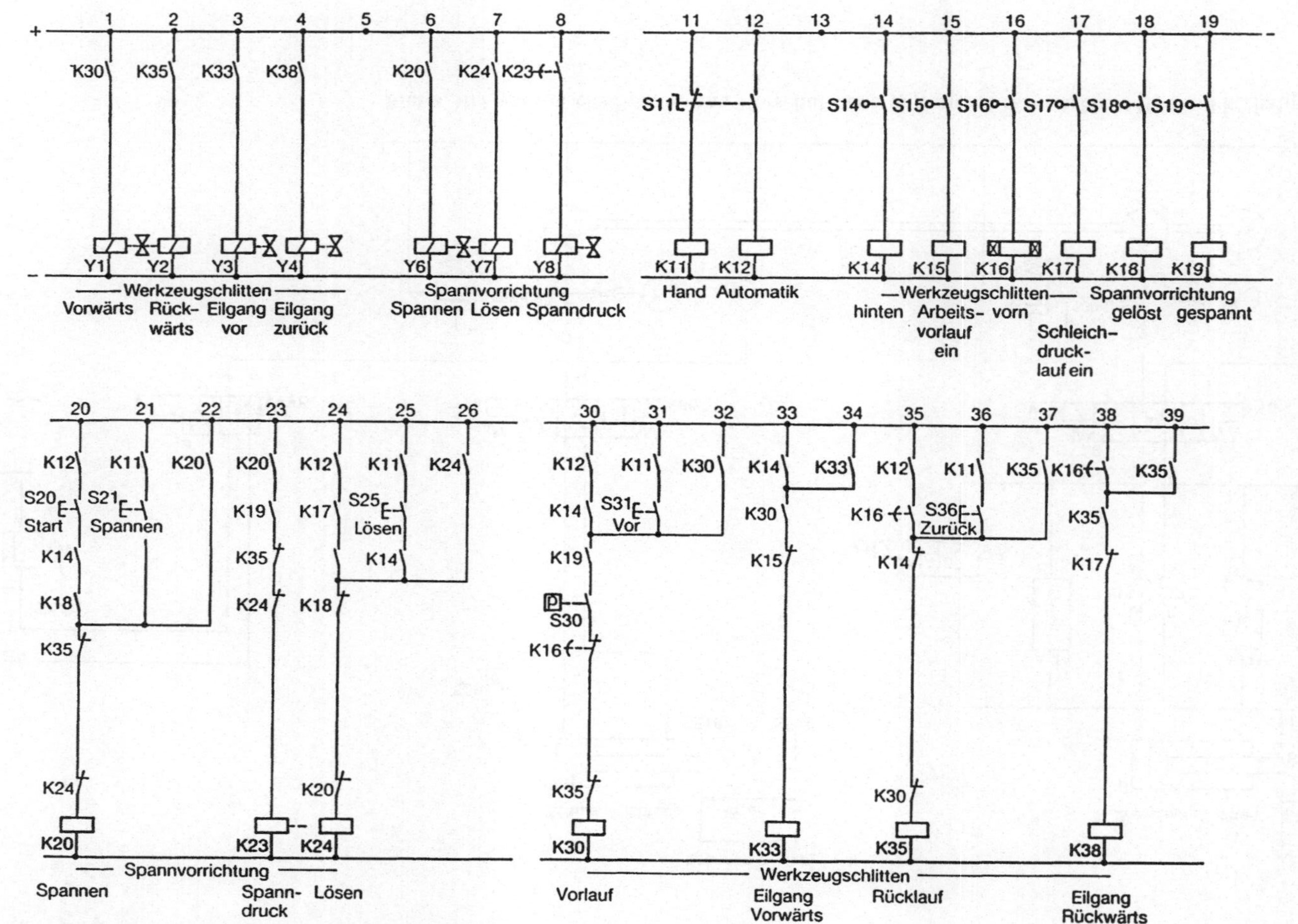

Bild 4.32 Hydraulische Spann- und Vorschubsteuerung einer Fräsmaschine; Stromlaufplan

5 Ansteuerelektronik für Proportionalventile

Im Gegensatz zum digital arbeitenden Schaltventil, das nur exakt definierte Schaltstellungen wie „EIN“ oder „AUS“ einnehmen kann, sind beim analog arbeitenden Proportionalventil beliebig viele Zwischenstellungen möglich.

Der Betätigungsmagnet für ein Schaltventil muß eine bestimmte, zum Umschalten des Ventils notwendige Magnetkraft aufbringen. Durch Anlegen der Nennspannung an den Magneten fließt ein Strom, der vom Wicklungswiderstand und ggf. von der Impedanz abhängig ist. Man nennt deshalb die Betätigungsmagnete für Schaltventile auch Spannungsgeräte. Durch Zu- oder Abschalten des Erregerstroms über eine entsprechende Steuerung schaltet das Ventil.

Der Betätigungsmagnet muß, um seiner Stetigfunktion gerecht zu werden, eine variable Magnetkraft aufbringen, die durch einen variablen elektrischen Strom erreicht wird. Er wird über ein vorgeschaltetes Betriebsmittel, einen sog. elektronischen Verstärker oder eine Ansteuerelektronik, gesteuert. Man nennt deshalb die Betätigungsmagnete für Proportionalventile auch Stromgeräte. Die Bilder 5.1 und 5.2 zeigen eine Gegenüberstellung der elektrischen Ansteuerung eines Schaltventils und der elektronischen Ansteuerung eines Proportionalventils.

Im Prinzip ist der Aufbau der beiden Ansteuerungsarten vergleichbar. Er besteht bei beiden Systemen aus Steuerelement, Leistungsverstärkung und dem zu steuernden Ventil (Tab. 5.1).

Tabelle 5.1 Prinzip der Ansteuerung für Schalt- und Stetigventil

Pos.	Gerät	Ein/Aus-Funktion	Stetigfunktion
1	Steuerelement	Schalter, Taster, Hilfsrelais	Potentiometer, Rechner
2	Leistungsverstärker	Steuerschütz	elektronischer Verstärker
3	Stellglied	Schaltventil	Proportionalventil

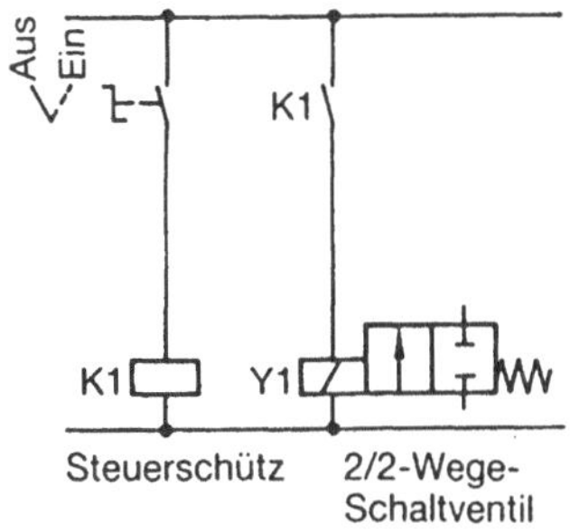

Bild 5.1 Ansteuerung eines Schaltventils

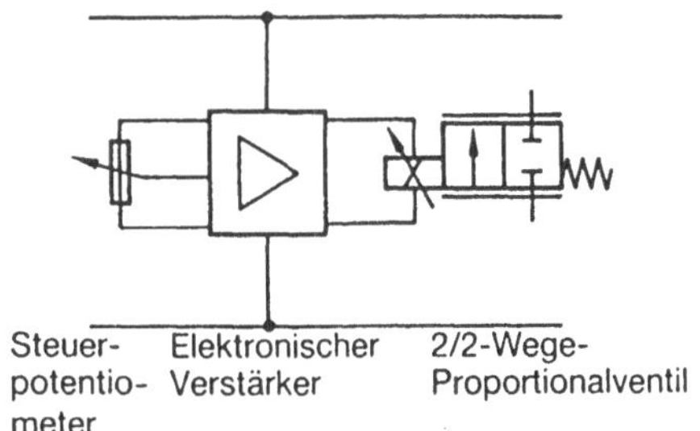

Bild 5.2 Ansteuerung eines Proportionalventils

5.1 Blockschaltpläne

Für die Darstellung der Ansteuerelektronik werden, wie in der Elektronik üblich, Blockschaltpläne verwendet. So wie in einem Hydraulik- oder Pneumatikschaltplan die Ventile auch nicht in einer Schnittzeichnung, sondern als Symbol oder Bildzeichen, dargestellt werden, aus der die Funktion eindeutig hervorgeht, werden bei einer elektronischen Steuerung auch nicht alle Widerstände, integrierte Schaltkreise oder andere Bauteile einzeln dargestellt. Diese einzelnen Bauelemente einer elektronischen Funktionseinheit werden als Block zusammengefaßt und mit einem genormten Funktionssymbol sinnbildlich dargestellt. Mit diesen Blocksymbolen wird nun der Blockschaltplan oder das Blockschaltbild eines Geräts oder einer Steuerung gezeichnet.

In der Tabelle 5.2 ist eine Auswahl dieser Symbole für Blockschaltpläne nach DIN 19227 und 40900 zusammengefaßt, und in Bild 5.3 ist z. B. der Blockschaltplan für eine Steuerung mit Sollwertgeber, Verstärker, Proportionalventil und Zylinder dargestellt.

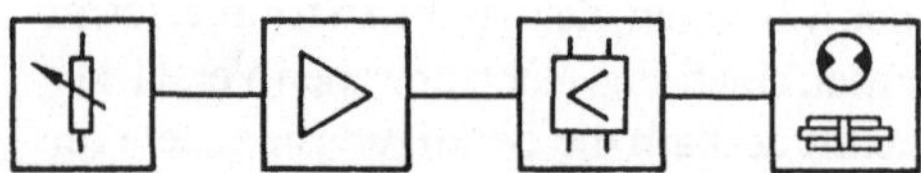

Bild 5.3 Blockschaltbild einer Steuerung mit Sollwertgeber

5.2 Aufbau der Ansteuerelektronik

Bei den Proportionalventilen verhält sich die fluidische Ausgangsgröße Volumenstrom oder Druck proportional zu der elektrischen Eingangsgröße, dem Erregerstrom und damit der Magnetkraft des Proportionalmagneten.

Um die Magnetkraft konstant zu halten, muß auch der Erregerstrom des Magneten konstant gehalten werden. Nach dem Ohmschen Gesetz ist der Magnetstrom I abhängig von der angelegten Spannung U und dem elektrischen Widerstand R der Magnetspule.

$$I = U/R$$

Durch eine genau geregelte Spannung U könnte der Magnetstrom I auf den für das Ventil notwendigen Wert eingestellt werden, vorausgesetzt der elektrische Widerstand bleibt gleich. Dieser wiederum ist abhängig von der Temperatur der Magnetwicklung, also der des Leiters. Durch Eigenerwärmung – ein elektrischer Leiter erwärmt sich, wenn ein Strom fließt – und durch Änderung der Umgebungstemperatur treten beim Betrieb Temperaturschwankungen auf, die Widerstandsänderungen ergeben. Für Kupfer als Leiterwerkstoff lassen sie sich nach folgender Formel bestimmen:

$$R = 1 + (T \cdot 0{,}0039)$$

$$R_{warm} = R_{kalt} \cdot \Delta R$$

Tabelle 5.2 Blocksymbole elektronischer Funktionseinheiten nach DIN 19 277 und 40 900

Symbol	Bedeutung	Symbol	Bedeutung
	Widerstand veränderbar (Potentiometer, mit Einstellknopf)	P / E, 0 ... 20 mA	Meßumformer für Druck mit elektrischem Einheitssignalausgang 0 ... 20 m A
000	Einsteller mit Ziffernanzeige und Analogausgang	PD / E	Meßumformer für Differenzdruck mit elektrischem Einheitssignalausgang
	Umschalter allgemein Schalter, Taster oder Relaiskontakt	F / E	Meßumformer für Durchfluß mit galvanischer Trennung und elektrischem Einheitssignalausgang
	Umsetzer allgemein	T / E	Meßumformer für Temperatur mit elektrischem Einheitssignalausgang und Anzeige
#	Digital/Analog-Umsetzer Umsetzer digitaler Codes in eine analoge Ausgangsspannung		Analoganzeiger
U / I	Spannungs/Strom-Umsetzer Umsetzer einer Spannung in einen eingeprägten Strom	000	Ziffernanzeiger (Digitalanzeiger)
	Rampenbildner Signalsprung am Eingang wird rampenförmig verzogen ausgegeben		Regler allgemein
	Verstärker Ausgangssignal wird analog zum Eingangssignal verstärkt	PID	PID-Regler Regler mit proportionalem, integralem und differenziellen Übertragungsverhalten
	Verstärker einstellbar		Anzeigeneinheit mit Leuchtdioden zur Anzeige von Betriebszuständen
Σ	Summenverstärker Addition mehrerer Eingangssignale zu einem Ausgangssignal	24 V ~ / ±10V	Gleichrichtereinheit zur Umsetzung einer Wechselspannung in eine Gleichspannung

Ein Widerstand von 10 Ω bei 20 °C ändert sich bei einer Erhöhung der Wicklungstemperatur von T=80 °C um 3,1 Ω auf 13,1 Ω. Bei einer angelegten Spannung von 10 V ändert sich der Strom wie folgt:

$I_{20°} = U/R_{20°} = 10\ V/10\ \Omega = 1A$ auf

$I_{100°} = U/R_{100°} = 10\ V/13,1\ \Omega = 0,76A$

Verändert sich der Erregerstrom, so verändert sich die Magnetkraft und proportional das fluidische Ausgangssignal. Um im obigen Beispiel den Strom konstant auf 1A zu halten, müßte die Spannung erhöht werden, und zwar auf

$U = I \cdot R_{100°} = 1A \cdot 13,1\ \Omega = 13,1V$

Daraus ergibt sich, daß das Nachführen der Magnetspannung, um den Erregerstrom konstant zu halten, die Hauptfunktion der Ansteuerelektronik ist. Sie wird deshalb auch als Konstantstromregler bezeichnet, der einen geschlossenen Regelkreis bildet (Bild 5.4). Mit dem Meßwiderstand R_{Mess} wird über den Spannungsabfall U_{Mess} am Widerstand, der proportional zum Strom ist, der Magnetstrom gemessen. Der Istwert, die Spannung U_{Mess}, wird im Vergleicher mit dem vorgegebenen Sollwert verglichen. Bei einer festgestellten Regelabweichung, d. h. einer veränderten Spannung U_{Mess}, wird über den Regler die Magnetspannung U_{Magnet} entsprechend verändert, so daß der Magnetstrom konstant bleibt.

Den einfachsten Aufbau einer Ansteuerelektronik für Proportionalventile zeigt Bild 5.5. Die Ausgangsgröße – Menge Q oder Druck p – des Proportionalventils wird über ein Potentiometer als Sollwert W eingegeben. Dieses Signal bewirkt an dem Spannungs/Strom-Umsetzer, dem Konstantstromregler, einen konstanten Erregerstrom I für den Proportionalmagneten, also ein konstantes Ausgangssignal. Die Grundausstattung für eine Proportionalsteuerung besteht aus den Bauelementen bzw. Baugruppen

Sollwerteinsteller,
Konstantstromregler und
Proportionalventil.

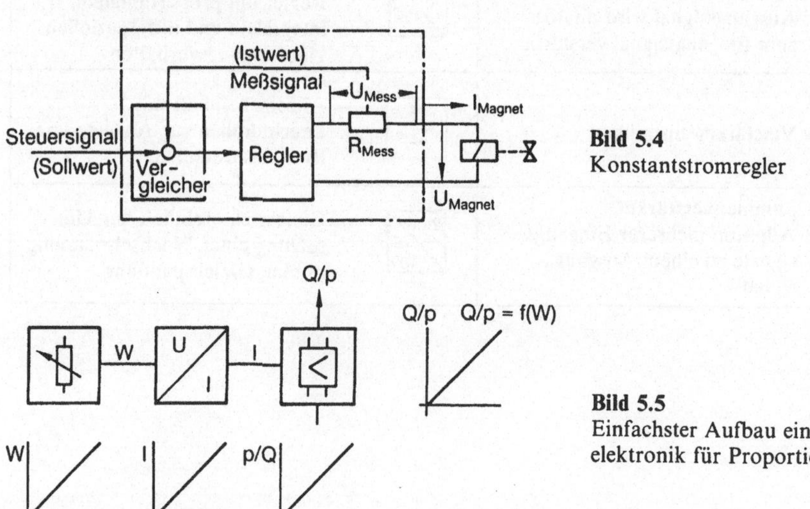

Bild 5.4
Konstantstromregler

Bild 5.5
Einfachster Aufbau einer Ansteuerelektronik für Proportionalventile

5.3 Ergänzung und Erweiterung der Grundschaltung

Zur optimalen Nutzung und zur Anpassung an geforderte Steuerungsfunktionen der Proportionalventile ist die Ergänzung der Grundschaltung einer Ansteuerelektronik durch zusätzliche elektronische Funktionen möglich.

5.3.1 Dither oder „Brumm"

Mit dem „Brumm", auch Dither oder Zittersignal genannt, wird die Genauigkeit der Proportionalventile verbessert. Diese Verbesserungen wirken sich vor allem auf die Hysterese, die Ansprechempfindlichkeit, die Umkehrspanne, die Reproduzierbarkeit und die Dynamik der Ventile aus.

Der „Brumm" ist ein dem Magnetstrom überlagerter sinus- oder rechteckförmiger Wechselstrom (Bild 5.6), der das Magnetfeld und damit die Kraft des Magneten im Rhythmus seiner Frequenz ändert. Der Magnetanker und damit der Steuerkolben des Proportionalventils werden durch den „Brumm" in Schwingung versetzt und sind somit ständig in Bewegung; die Haftreibung der beiden Bauteile wird dadurch vermieden.

Die Amplitude darf nur so groß sein, daß sich die Ausgangsgröße des Proportionalventils nicht meßbar ändert, sie liegt im Bereich einiger µm. Sie muß an der Ansteuerelektronik einstellbar sein, um sie an das angesteuerte Ventil anzupassen. Bild 5.7 zeigt das Blockschaltbild einer Ansteuerelektronik, ergänzt durch einstellbaren „Brumm".

Die Frequenz liegt üblicherweise zwischen 50 und 100 Hz. In Bild 5.8 ist die Verminderung der Hysterese eines Druckminderventils anhand der Druckkurven deutlich erkennbar.

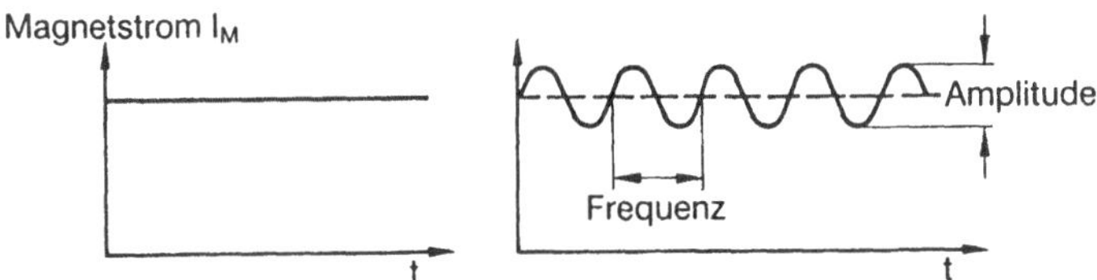

Bild 5.6 Magnetstrom ohne und mit Dither oder „Brumm"

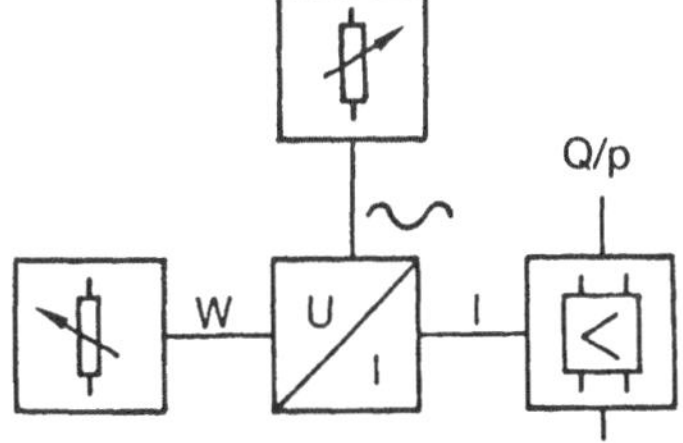

Bild 5.7 Blockschaltbild einer Ansteuerelektronik mit einstellbarem Brumm

5.3.2 Nullpunktanhebung

Mit der Nullpunktanhebung wird die positive Überdeckung der Kolbenschieber bei den Proportionalventilen ausgesteuert. Der Proportionalmagnet wird mit einem Vorstrom soweit erregt, daß er die Überdeckung ausgleicht. Wird das Ventil über ein Steuersignal angesteuert, reagiert es sofort (Bild 5.9). Auch die Nullpunktanhebung muß zur Anpassung an das jeweilige Ventil einstellbar sein. In Bild 5.10 ist das Blockschaltbild einer durch Brumm und Nullpunktanhebung erweiterten Ansteuerelektronik dargestellt.

Mit der Nullpunktanhebung ist außerdem die Möglichkeit gegeben, daß auch ohne Steuersignal eine Ausgangsgröße am Ventil eingestellt werden kann.

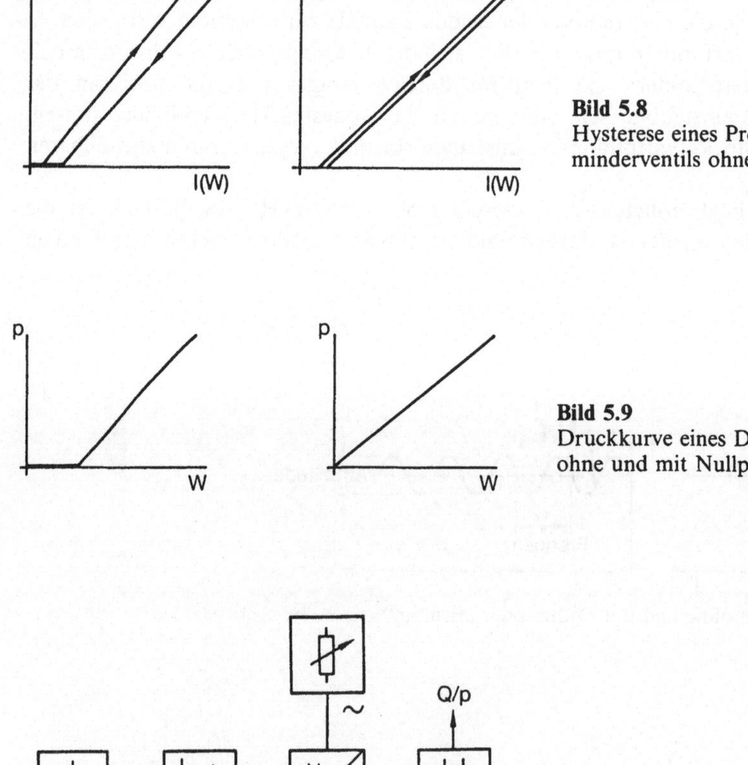

Bild 5.8
Hysterese eines Proportionaldruckminderventils ohne und mit Brumm

Bild 5.9
Druckkurve eines Druckminderventils ohne und mit Nullpunktanhebung

Bild 5.10
Blockschaltbild einer Ansteuerelektronik mit Brumm und Nullpunktanhebung

5.3.3 Aussteuerbegrenzung, Empfindlichkeit

Da der von der Ansteuerelektronik mögliche maximale Ansteuerstrom für die meisten Ventile nicht voll benötigt wird, kann mit der Aussteuerbegrenzung der für das angesteuerte Ventil maximal notwendige Ansteuerstrom eingestellt werden. Er wird nach oben begrenzt, dabei bleibt der Einstellbereich der Sollwertvorgabe voll erhalten, die Einstellgenauigkeit wird vergrößert. Bild 5.11 zeigt das Blockschaltbild einer Ansteuerelektronik mit Brumm, Nullpunktanhebung und Aussteuerbegrenzung.

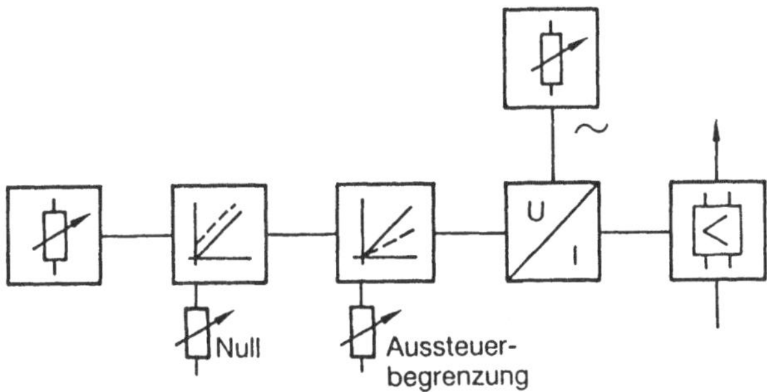

Bild 5.11 Blockschaltbild einer Ansteuerelektronik mit Brumm, Nullpunktanhebung und Aussteuerbegrenzung

5.3.4 Erweiterung für Ventile mit zwei Magneten

Mit den bisher beschriebenen Varianten der Ansteuerelektronik lassen sich nur Ventile ansteuern, die mit einem Proportionalmagneten ausgerüstet sind. Dies sind alle Druckventile und alle Wegeventile mit einem Betätigungsmagneten.

Für alle Proportionalventile mit zwei Magneten, also die Ventile, mit denen Hydrozylinder und Hydromotoren in zwei Richtungen steuerbar sind, ist eine Ansteuerelektronik mit zwei voneinander unabhängig arbeitenden Konstantstromreglern notwendig. Die Information, welcher der beiden Magnete angesteuert werden soll, wird über die Polarität des Steuersignals erreicht. Über eine elektronische Weiche (Bild 5.12) steuert das positive Steuersignal (z. B. 0 bis +10 V) über den Regler A den Magnet a, und das negative Steuersignal (z. B. 0 bis 10 V) über den Regler B den Magnet b. Die Aussteuerbegrenzung und die Nullpunktbegrenzung muß ebenfalls für beide Magnete getrennt einstellbar sein.

In Bild 5.13 ist die Kennlinie eines Wegeventils dargestellt, dessen Überdeckung ca. 30% des Stellbereichs am Ventil ausmacht. Damit kann dieses Ventil nicht für Regelaufgaben eingesetzt werden, da bei Richtungswechsel des Zylinders oder Motors immer der ganze Überdeckungsbereich zu durchfahren ist. Die Stellzeiten, in denen kein Ausgangssignal zur Verfügung steht, der Nulldurchgang, ist zu lang. Eine nahezu verzögerungsfreie Umschaltung des Volumenstroms am Ventil erreicht man durch die Nullsprungfunktion der Ansteuerelektronik, d. h. durch eine Nullpunktsanhebung für beide Magnete. Da 0 V meist nicht exakt erreichbar sind, wird aus Sicherheitsgründen der Nullsprung in dem Sollwertbereich −0,6 V bis +0,6 V unterdrückt (Bild 5.14); der Magnetstrom auf 0 V belassen (Bild 5.14). Die Kennlinie eines Ventils mit Nullpunktsprung zeigt Bild 5.15. Der Nulldurchgang ist wesentlich verbessert.

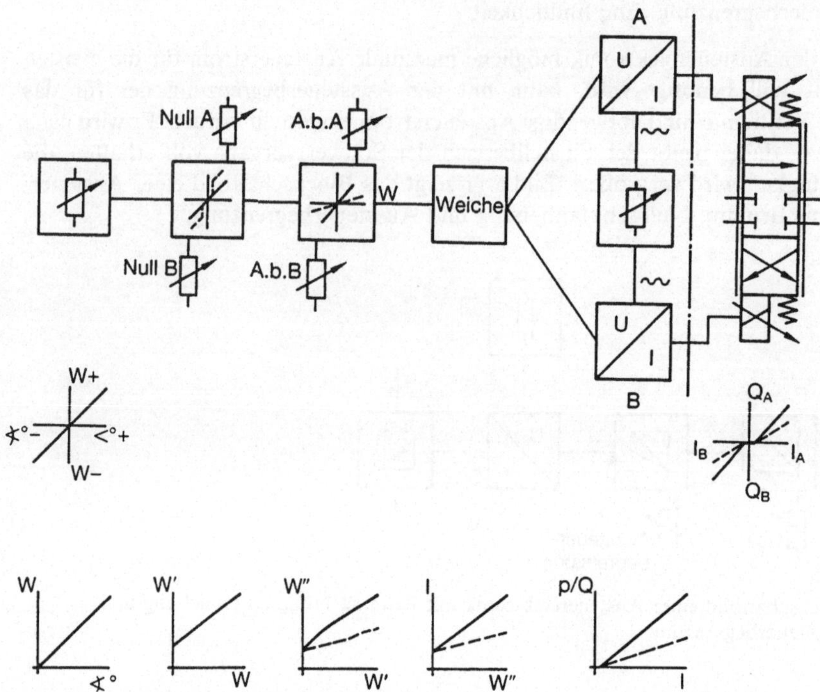

Bild 5.12 Blockschaltbild einer Ansteuerelektronik für zwei Proportionalmagnete

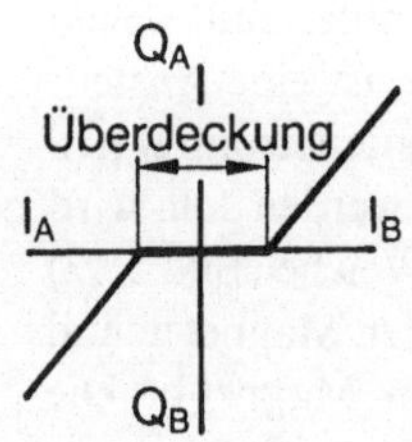

Bild 5.13
Kennlinie eines Proportional-Wegeventils

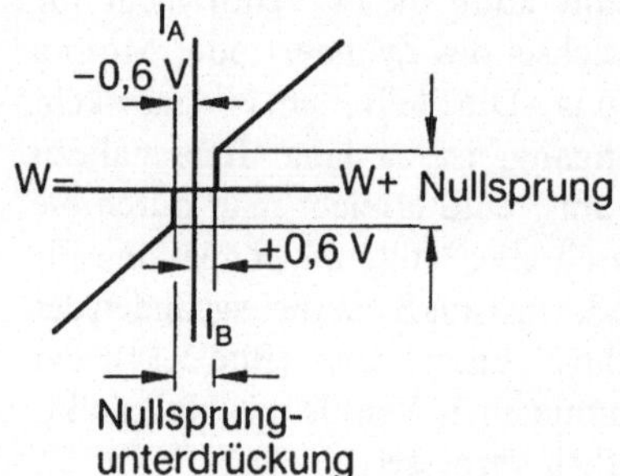

Bild 5.14
Nullsprungfunktion

5.3.5 Rampenbildung

Schnelle Änderungen des Steuersignals bewirken in der Regel auch schnelle Änderungen der Ausgangsgrößen Druck p oder Volumenstrom Q. Dabei wird das gesamte System oft großen mechanischen Belastungen ausgesetzt. Bei Druckventilen können durch schnelle Druckänderungen hohe Druckspitzen entstehen. Werden über Wegeventile Volumenströme für Hydrozylinder oder Hydromotoren schnell umgesteuert, kommt es zu schnellen Beschleunigungs- bzw. Bremsvorgängen und damit zu großen mechanischen Belastungen und starken Beanspruchungen der Maschinen und Anlagen. Mit Rampenbildner in der Ansteuerelektronik der Proportionaldruck- bzw. Proportionalwegeventile ist es möglich, auch bei schnellen Änderungen des Steuersignals Druck oder Volumenströme kontrolliert langsam auf- oder abzubauen. Der Rampenbildner sorgt für einen stetigen Anstieg des Stellsignals bei sprungartiger Änderung des Eingangssignals (Bild 5.16). Das Verhältnis W/t, also die Steilheit der Signaländerung, d. h. die Verstellgeschwindigkeit, muß an unterschiedliche Massenströme, Fluide und Systemkon-

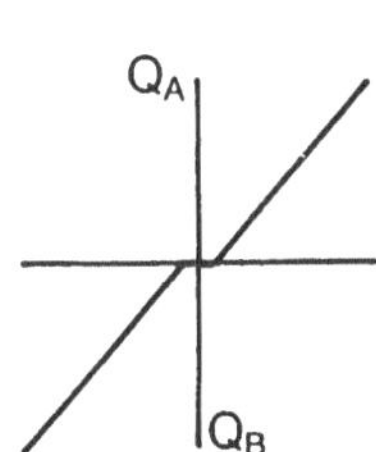

Bild 5.15 Kennlinie eines Proportional-Wegeventils mit Nullsprungfunktion

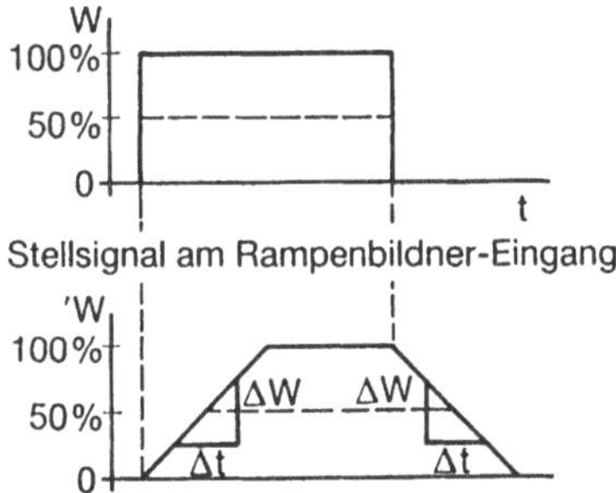

Bild 5.16 Signalbildung durch Rampenfunktion

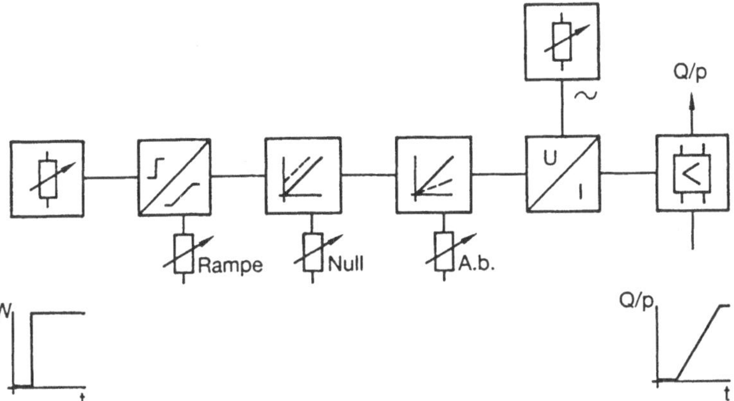

Bild 5.17 Blockschaltbild einer Ansteuerelektronik für Proportionaldruckventile mit Erweiterung durch Rampenfunktion

figurationen angepaßt werden, und ist deshalb an einem Potentiometer der Ansteuerelektronik einstellbar. In Bild 5.17 und5.18 ist das um den Rampenbildner erweiterte Blockschaltbild für die Ansteuerelektronik eines Proportionaldruck- und eines Proportionalwegeventils dargestellt.

Die Funktion der Rampe ist am Beispiel eines Zylinders in Bild 5.19 dargestellt. Die Beschleunigung erfolgt aus der hinteren Endstellung (Endtaster S_0) durch Aufschalten eines Steuersignals +10 V. Die Beschleunigung auf die Endgeschwindigkeit v_v erfolgt

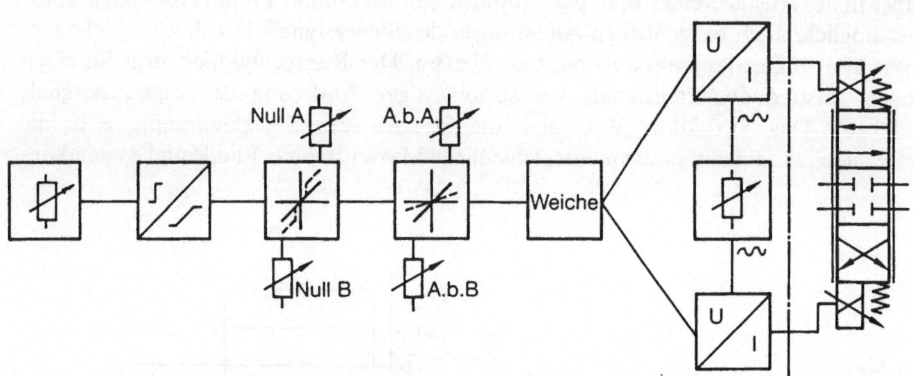

Bild 5.18 Blockschaltbild einer Ansteuerelektronik für Proportionalwegeventile mit Erweiterung durch Rampenfunktion

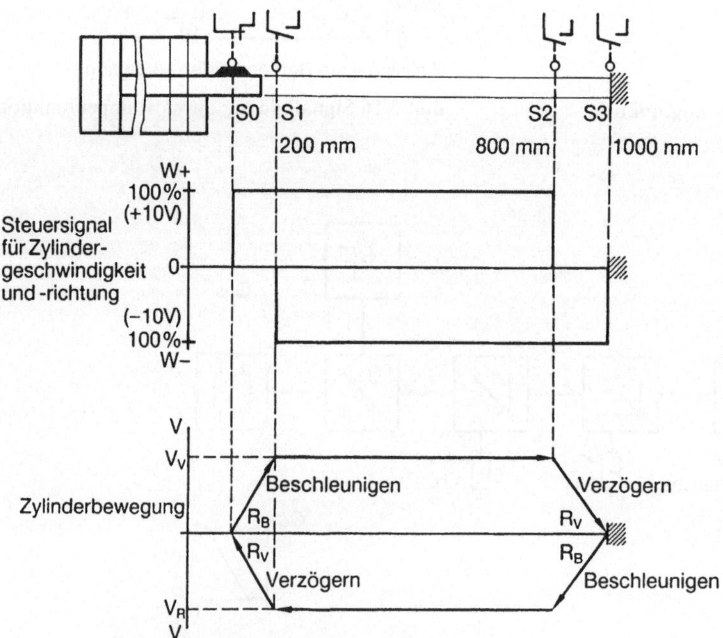

Bild 5.19 Zylindersteuerung mit Rampenfunktion

über die an der Ansteuerelektronik einstellbare Rampe R_B. Entsprechend der Steilheit der Rampe R_V muß das Steuersignal über S_2 schon vor Erreichen der Endposition auf 0 gesetzt werden. Die Rücksteuerung erfolgt über den Tastschalter S_3 durch Aufschalten des Steuersignals -10 V. Auch für diese Bewegung wird der Zylinder über R_B beschleunigt und muß das Steuersignal über S_1 schon vor Erreichen der Endlage auf 0 gesetzt werden. Aus Bild 5.20 ist ersichtlich, daß bei unterschiedlichen Geschwindigkeiten die Rücksetzung des Steuersignals aus verschiedenen Positionen erfolgen muß, damit der ganze Hub des Zylinders ausgefahren werden kann.

5.3.6 Interne Sollwerte

Ein Zylinder (Bild 5.21), mit dem zwei Ausfahr- (Eilvorlauf, Arbeitsgeschwindigkeit) und zwei Rückfahrgeschwindigkeiten (Eilrücklauf, Schleichgang) gefahren werden sollen, benötigt dafür vier in Größe und Polarität (Richtung) unterschiedliche Steuersignale. Sie lassen sich über vier Potentiometer und Relais, die in der Ansteuerelektronik integriert sind, zuschalten (Bild 5.22). Die externen Steuerbefehle kommen über die Kontakte S1 bis S4, die Polarität und damit die Fahrtrichtung wird über die Brücken B1 bis B4 zugeordnet. Im Blockschaltbild wird die in Bild 5.23 gezeigte vereinfachte Darstellung verwendet.

Auch Proportionaldruckventile lassen sich, wenn verschiedene Drücke für den einen Arbeitsprozeß notwendig sind, über eine Ansteuerelektronik mit interner Sollwerteinstellung ansteuern.

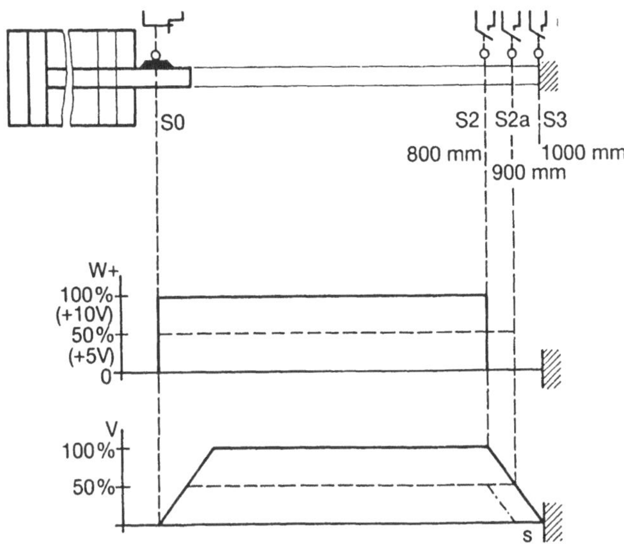

Bild 5.20 Steuerung eines Zylinders mit unterschiedlichen Geschwindigkeiten

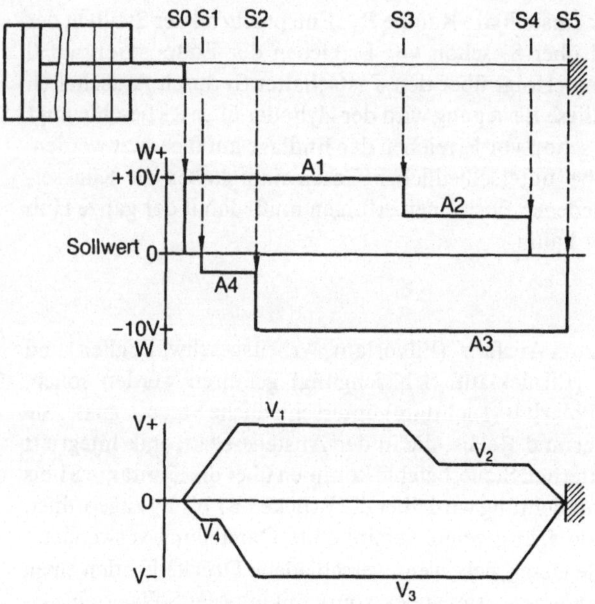

Bild 5.21 Bewegungsdiagramm für einen Zylinder mit zwei Aus- und zwei Rückfahrgeschwindigkeiten

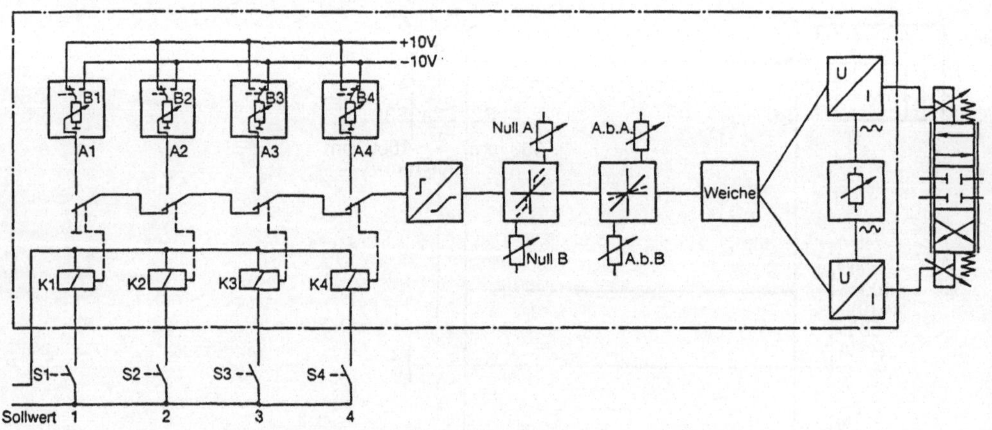

Bild 5.22 Blockschaltbild einer Ansteuerelektronik für Proportionalwegeventile mit Erweiterung durch vier interne Sollwerte

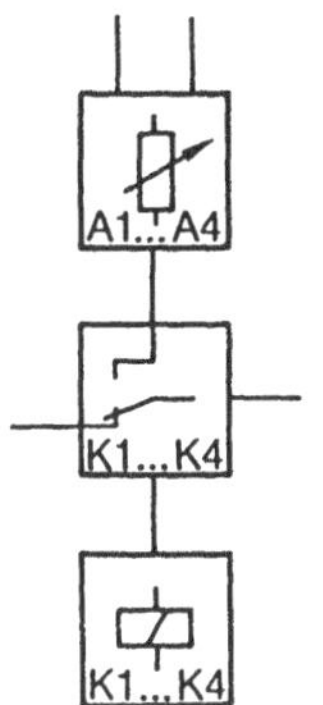

Bild 5.23
Vereinfachte Darstellung der vier internen Sollwerte

5.3.7 Lageregler

Die Stellgenauigkeit des Steuerkolbens eines Proportionalventils ist durch Hysteresen magnetischen und mechanischen Ursprungs, sowie durch Störgrößen wie Strömungskräfte, begrenzt. Sie läßt sich durch eine Lageregelung des Steuerkolbens (Bild 5.24) verbessern. Mit einem Wegaufnehmer, der ein der Kolbenlage proportionales Signal ausgibt, wird die Position des Kolbens erfaßt. Dieser Istwert wird auf die Ansteuerelektronik zurückgeführt und dort mit dem Sollwert verglichen. Eine etwaige Regelabweichung wird durch Veränderung des Magnetstroms ausgeregelt (Bild 5.25).

Ein defekter Wegaufnehmer oder eine Leitungsunterbrechung zwischen Wegaufnehmer und Lageregler hätte zur Folge, daß der Istwert auf 0 zurückgeht. Damit wird dem Regler eine tatsächlich nicht vorhandene Regelabweichung gemeldet, dieser erhöht den Magnetstrom auf das Maximum und das Ventil steuert voll aus. Dadurch kann es zu unkontrollierbaren, gefährlichen Bewegungen in der Hydraulikanlage kommen. Um diese Gefahr zu vermeiden, legt man den Istwertbereich so, daß zwischen der Vollaussteuerung des Ventils in Stellung A und B ein Signal zwischen 2 V und 8 V entsteht (Bild 5.26). Bei einem Kabelbruch – Signal 0 V – (Bild 5.27) oder bei einem Kurzschluß – Signal 10 V – (Bild 5.28), schaltet diese Istwertüberwachung, die in der Ansteuerelektronik integriert ist, den Magnetstrom auf Null, der Steuerschieber geht in Mittelstellung und nimmt damit eine exakt definierte Position ein.

Bild 5.24
Proportionalwegeventil mit Wegaufnehmer

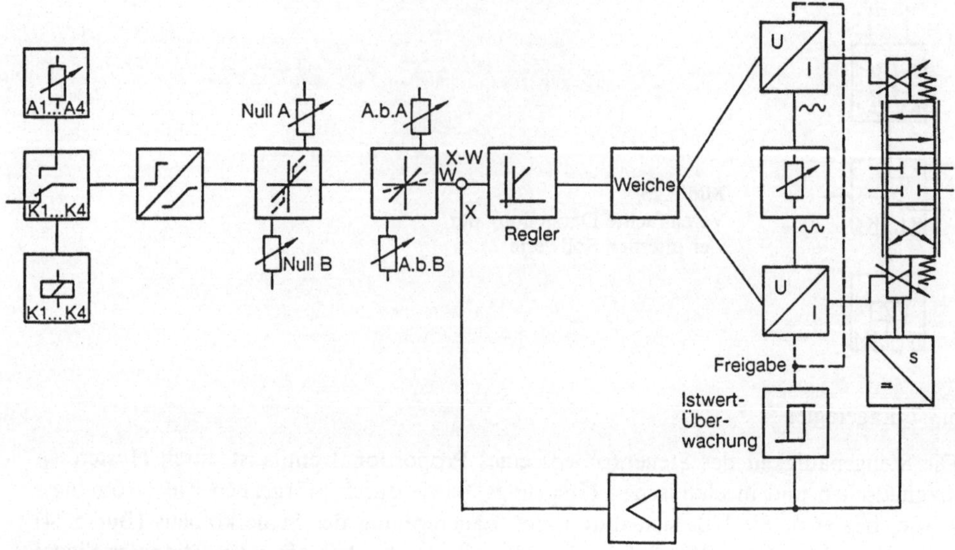

Bild 5.25 Blockschaltbild einer Ansteuerelektronik für Proportionalwegeventile mit Erweiterung durch Lageregler

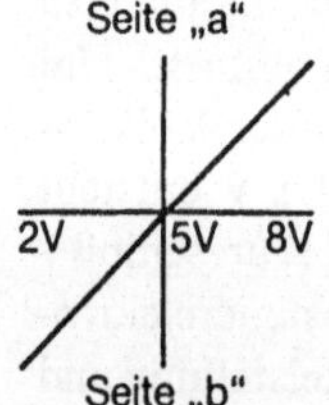

Bild 5.26 Spannungssignal des Wegaufnehmers

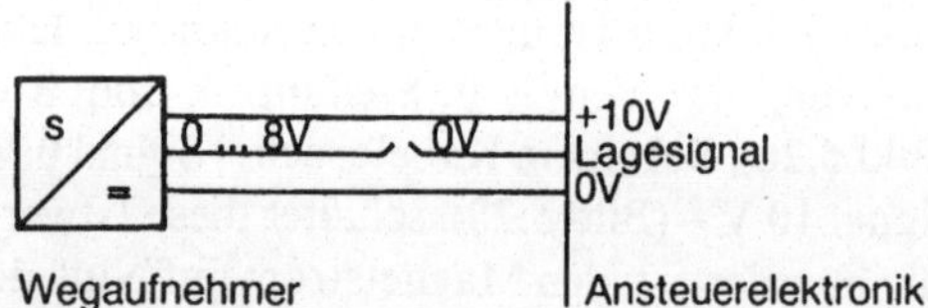

Bild 5.27 Kabelbruch bei einem Wegaufnehmer

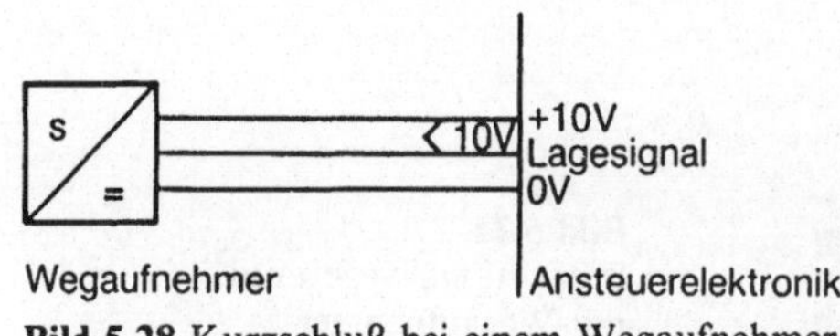

Bild 5.28 Kurzschluß bei einem Wegaufnehmer

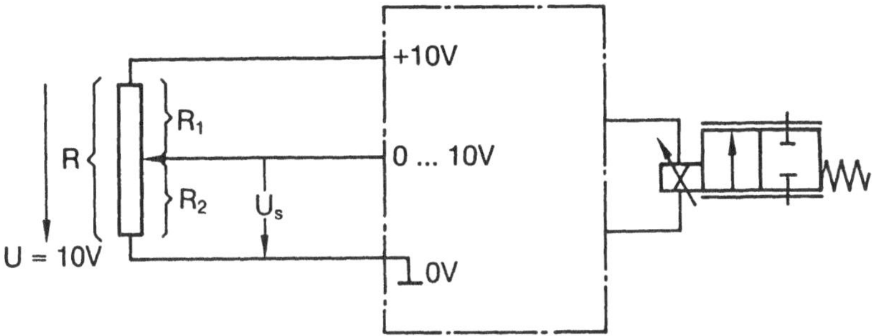

Bild 5.29 Sollwertpotentiometer für die Steuerung eines Proportionalventils mit einem Magneten

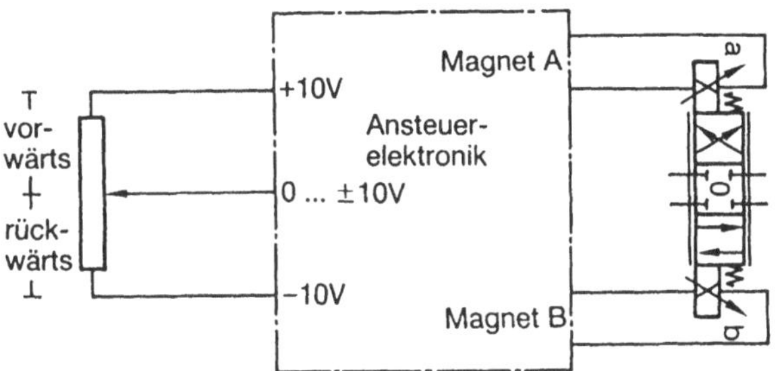

Bild 5.30 Sollwertpotentiometer für die Steuerung eines Proportionalventils mit zwei Magneten

5.4 Externe Sollwertvorgabe

Müssen Sollwerte öfters von Hand verstellt werden, verwendet man ein Potentiometer, das außerhalb der Ansteuerelektronik, z. B. am Steuerpult der Maschine, also extern, angebracht ist.

Die Funktion des Sollwertpotentiometers beruht auf dem Prinzip des Spannungsteilers. Das Sollwertsignal für die Ansteuerelektronik ist ein Spannungssignal von 0 bis 10 V, das am Schleifer des Potentiometers abgegriffen werden kann, wenn man es auf der einen Seite an ein Potential von 10 V und an der anderen an ein Potential von 0 V legt.

Die Schaltung nach Bild 5.29 wird zur Steuerung von Proportionalventilen mit einem Magneten eingesetzt. Bei Magneten mit zwei Ventilen werden Sollwerte im Bereich von 0 bis + 10 V und von 0 bis − 10 V benötigt. Je nach Stellung des Schleifers (Bild 5.30) wird ein Signal von 0 bis + 10 V oder eines von 0 bis − 10 V abgenommen und damit Magnet A oder Magnet B gesteuert. Die Änderung der Polarität kann auch durch Umschalten (Bild 5.31) erreicht werden. Dabei ist aber zu beachten, daß der für den Magnet A eingestellte Wert auch für den Magnet B wirksam wird. Werden zwei unterschiedliche Sollwertsignale benötigt, müssen zwei Potentiometer (Bild 5.32) eingesetzt werden.

Bei der Auswahl der Sollwertpotentiometer sind als Kriterien die Auflösung, die Betätigungsart und die Abstimmung des Widerstandsbeiwerts zu beachten.

Die Auflösung bezogen auf das Ausgangssignal, den Sollwert, wird um so größer, je größer der Stellwinkel oder Stellweg ist. Handelsüblich sind Potentiometer mit 270° Drehwinkel (Bild 5.33), mit zehn Umdrehungen (Bild 5.34) oder mit digitaler Einstellung (Bild 5.35).

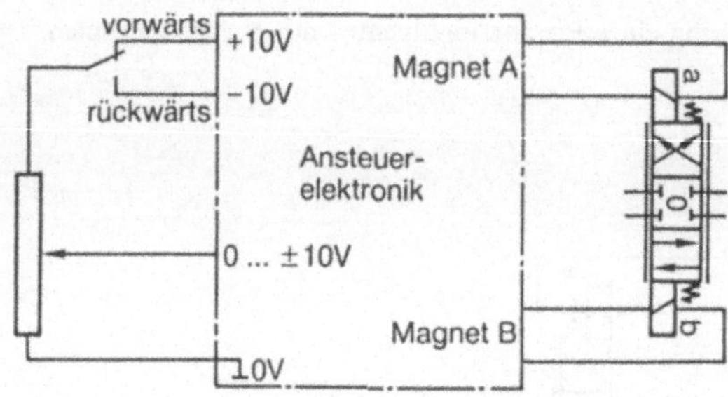

Bild 5.31
Umschaltung der Polarität am Sollwertpotentiometer

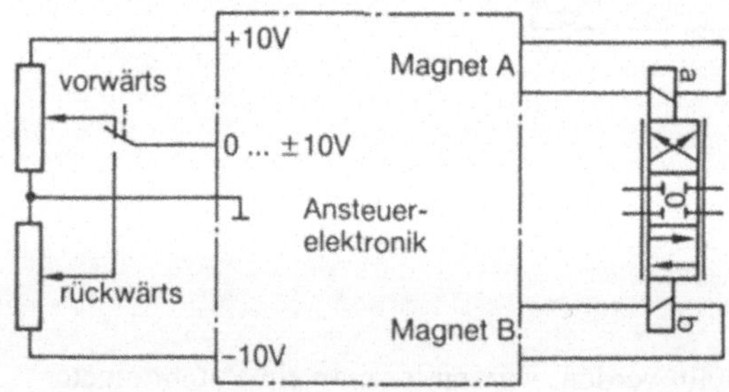

Bild 5.32
Steuerung eines Proportional-Wegeventils über zwei Potentiometer

Bild 5.33
Potentiometer mit 270 Grad Drehwinkel

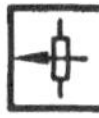

Bild 5.34
Potentiometer mit zehn Umdrehungen

Bild 5.35
Potentiometer mit digitaler Einstellung, dreidekadig und Vorzeichen +/−

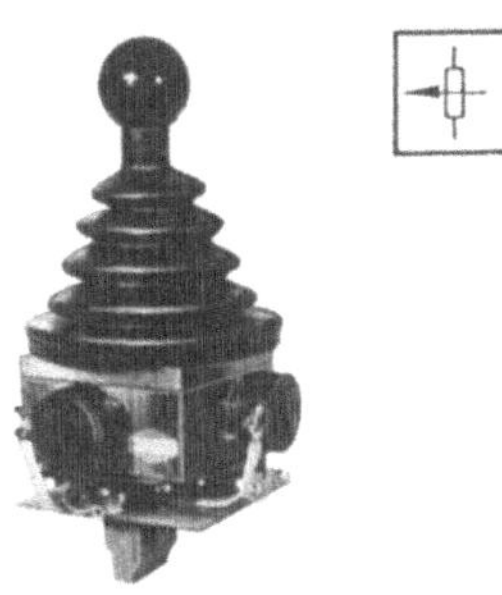

Bild 5.36
Meisterschalter

Die Art der Betätigung ist abhängig von der Änderung des Sollwerts. Bleibt der Sollwert über längere Zeit unverändert, ist die Verwendung eines Sollwertpotentiometers mit Einstellknopf (Bild 5.33 oder 5.34) oder digitaler Einstellung (Bild 5.35) sinnvoll. Muß der Sollwert dagegen laufend verändert oder korrigiert werden, empfiehlt sich der Einsatz eines Potentiometers mit Handhebelbetätigung (Bild 5.36), ein sog. Meisterschalter.

Der Widerstand des Sollwertpotentiometers muß auch mit dem Innenwiderstand der Ansteuerelektronik abgestimmt werden. Wird ein Potentiometer mit einem zu großen Widerstandswert eingesetzt, können, bezogen auf den Verstellweg des Potentiometers, Linearitätsfehler auftreten (Bild 5.37). Bei zu kleinem Widerstandsbeiwert fließt ein zu großer Strom, der Spannungsabfall in der Steuerleitung zwischen Potentiometer und Ansteuerelektronik wird zu groß, und die Spannungsquelle für die Versorgung des Potentiometers kann überlastet werden.

Eine in der Praxis oft angewandte Schaltung mehrerer Sollwertpotentiometer zur Steuerung eines Proportionalventils zeigt der Schaltplan Bild 5.38. An den Potentiometern SP_1 bis SP_n werden die erforderlichen Sollwerte eingestellt, mit den Relais K_1 bis K_n

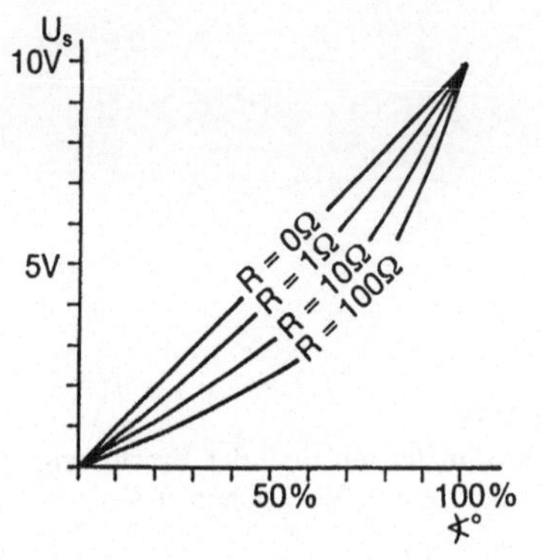

Bild 5.37
Linearität des Sollwertsignals bei verschiedenen Widerstandswerten eines Sollwert-Potentiometers

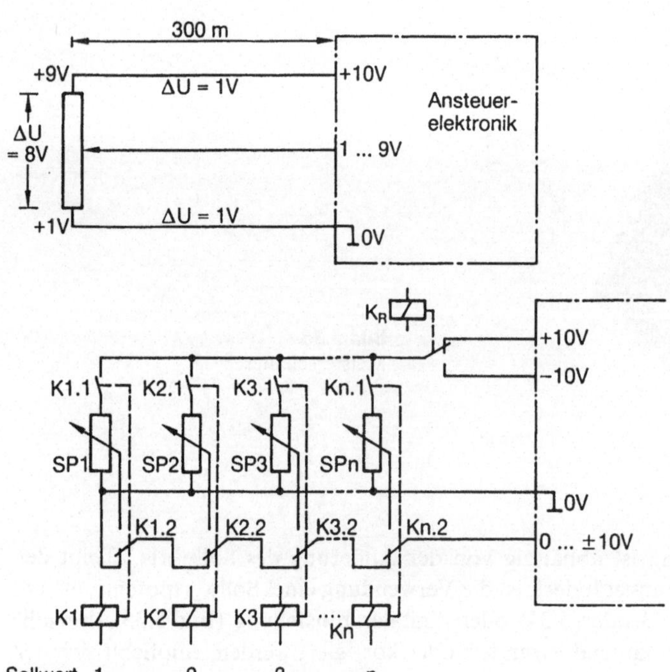

Bild 5.38 Sollwertvorgabe für n-Sollwerte

werden sie abgerufen. Jedes Relais ist mit zwei Kontakten ausgestattet. Mit den Kontakten K 1.1 bis K n.1 wird die Versorgungsspannung an das entsprechende Potentiometer angelegt. Sie sind notwendig, damit keine Überlastung der Spannungsquellen für die 10 V-Potentiale auftreten kann, denn bei einer Parallelschaltung von Widerständen vervielfacht sich der Strom mit der Anzahl der Widerstände. Mit den Kontakten K 1.2 bis K n.2 wird der eingestellte Sollwert auf den Sollwerteingang der Ansteuerelektronik geschaltet. In Ruhestellung sind diese Kontakte auf das Potential 0 gelegt, damit bei der Ruhelage aller Relais das 0-Volt-Potential am Sollwerteingang der Ansteuerelektronik liegt, um dadurch eventuelle Spannungskoppelungen zu vermeiden.

Bei der Steuerung von Proportionalventilen mit nur einem Magnet, z. B. bei Druckventilen, benötigt man das Relais K_R nicht, da nur das Potential +10 V verwendet wird.

Neben Sollwerten, die als Spannungssignale vorgegeben werden, sind auch Strom-Sollwertsignale üblich. Sie werden hauptsächlich dann eingesetzt, wenn die Sollwerte über längere Strecken übertragen werden. Da in diesem Fall mit eingeprägtem Strom gearbeitet wird, hat die Leitungslänge auf die Übertragungsgenauigkeit im Gegensatz zum Spannungssignal, bei dem Ungenauigkeiten durch Spannungsabfall auftreten können, keinen Einfluß. Die Signalpegel liegen zwischen 0 und 20 mA oder 4 und 20 mA, letztere erlauben eine Überwachung der Leitung auf Unterbrechung. Bei Leitungsbruch fällt der Strom auf Null ab, der Signalbereich beginnt aber erst bei einem Mindeststrom von 4 mA. Durch einen Widerstand (Bürde) von 500 Ω läßt sich das Stromsignal von 0 bis 20 mA in ein Spannungssignal von 0 bis 10 V umsetzen (Bild 5.39). Die am Sollwerteingang der Ansteuerelektronik anstehende Spannung ergibt sich aus dem Produkt von Strom und Bürde:

$$\text{Sollwertspannung} = \text{Strom} \times \text{Bürde}$$
$$U = 20\ \text{mA} \cdot 500\ \Omega = 10\ \text{V}$$

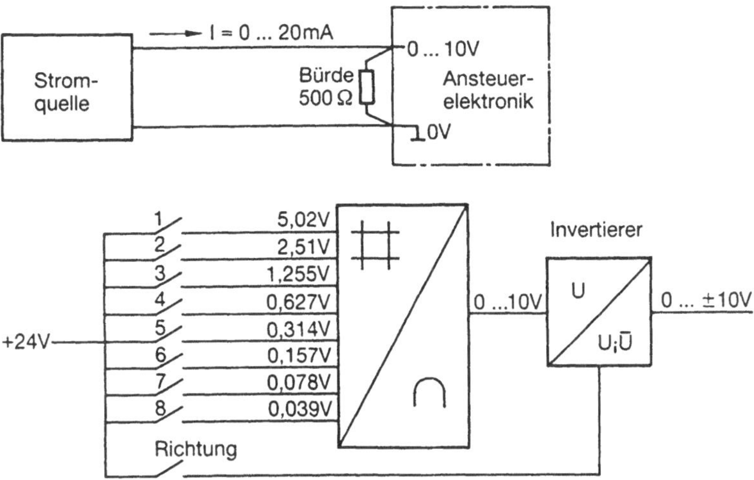

Bild 5.39 Umsetzung eines Sollwertsignals 0 bis 20 mA in 0 bis 10 V

Stromsignale werden meist von Prozeßrechnern, Prozeßreglern und Meßwertaufnehmern ausgegeben.

Digitale Sollwertsignale, die meist von digital arbeitenden Steuerungen wie speicherprogrammierbaren Steuerungen oder Prozeßrechnern vorgegeben werden, müssen vor der Verarbeitung in der analog arbeitenden Ansteuerelektronik über einen Digital/Analog-Umsetzer in analoge Signale umgewandelt werden. Dieser D/A-Wandler kann sowohl in der Ansteuerelektronik als auch in einer übergeordneten Steuerung integriert sein.

5.5 Ausführungen und Bauformen

Die Ausführung und die Bauform der Ansteuerelektronik wird bestimmt durch

- das anzusteuernde Proportionalventil,
- die geforderten Steuerungsfunktionen und
- die Bedingungen am Einsatzort.

Das Blockschaltbild Bild 5.40 zeigt die maximale Ausstattung einer Ansteuerelektronik mit allen möglichen Funktionsbaugruppen. Die Bauform wird bestimmt durch

- den Einbauort,
- die Umgebungsbedingungen,
- den Platzbedarf für die Funktionsbaugruppen und
- dem Platzangebot am Einbauort.

Die am weitesten verbreitete Bauform ist die in Bild 5.41 dargestellte genormte 19"-Leiterkarte (Europakarte). Sie ist mit allen elektronischen Bauelementen, wie Widerstände, integrierte Schaltkreise, Kondensatoren usw. und mit den erforderlichen elektrischen Verbindungen, den Leiterbahnen, ausgestattet. Der Anschluß der externen Bauelemente und Geräte, der Ventile, Potentiometer, Schalter usw., erfolgt über eine ebenfalls genormte Steckerleiste.

Diese Leiterkarten können entweder in einem 19"-Kartenmagazin (Bild 5.42), das zur Aufnahme mehrerer Karten dient, oder im sog. Kartenhalter (Bild 5.43) montiert werden. Die Vorteile der Leiterkarten sind die einfache Montage, die leichte Auswechselbarkeit und die genormte Größe. Nachteilig ist, daß die Karte zum Schutz in ein Gehäuse eingebaut sein muß und damit oft weit vom Proportionalventil entfernt ist. Eine kompakte und platzsparende Alternative zur Leiterkarte stellt die im Ventilstecker eingebaute Elektronik dar (Bild 5.44). Der Vorteil dieser Bauweise liegt neben der kompakten Bauweise in der örtlichen Nähe zum Magneten und im Wegfall eines zusätzlichen Gehäuses. Nachteilig ist, daß nur eine begrenzte Anzahl Funktionsbaugruppen eingebaut werden kann und auch nur eine Endstufe sinnvoll ist, d. h. der Stecker eignet sich nur zur Ansteuerung von Ventilen mit einem Proportionalmagneten. Bei bestimmten Umgebungsbedingungen wie starke Erwärmung, Erschütterungen usw. muß die Ansteuerelektronik der Funktionssicherheit wegen getrennt vom Ventil installiert werden.

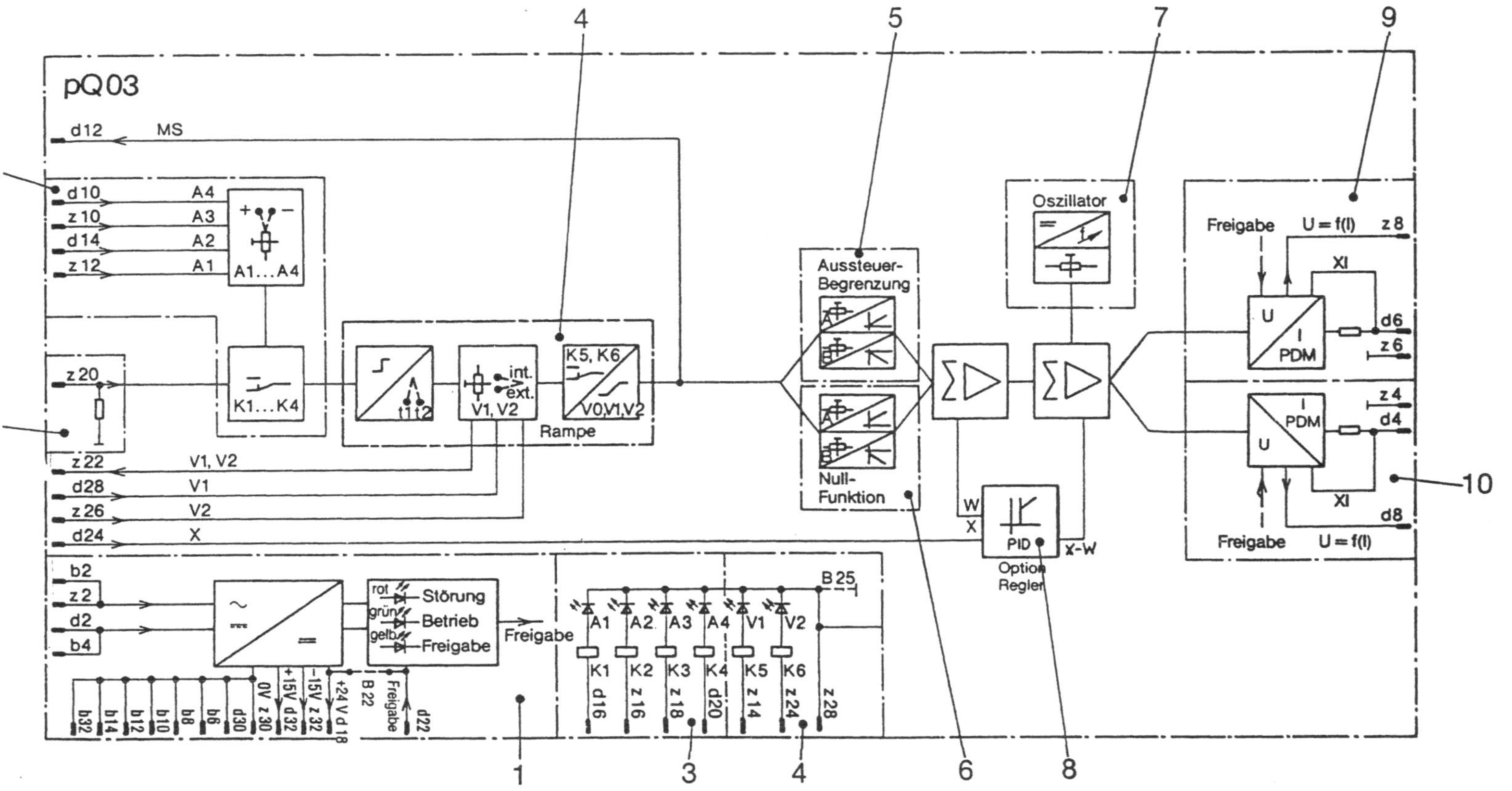

Bild 5.40 Blockschaltbild einer Ansteuerelektronik mit maximaler Ausstattung

1 Netzteil mit Überwachungs- und Betriebsanzeigen
2 externer Sollwerteingang
3 vier interne Sollwerte A1 bis A4 mit Abrufrelais K1 bis K4
4 Rampenbildner mit zwei Rampen V1 und V2 und zwei Abrufrelais K1 und K2
5 Aussteuerbegrenzung
6 Nullpunktanhebung bzw.. Nullsprungfunktion
7 Oszillator für Brumm
8 Lageregler
9 Endstufe mit Konstantstromregler für die Ansteuerung des Proportionalmagneten A
10 Endstufe mit Konstantstromregler für die Ansteuerung des Proportionalmagneten B

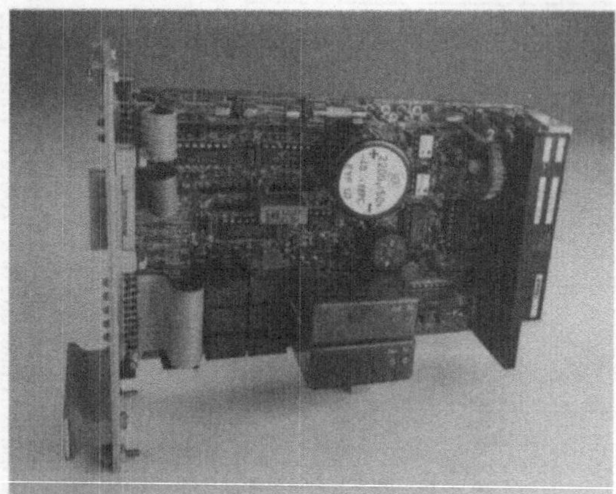

Bild 5.41 Ansteuerelektronik in Bauform Leiterkarte

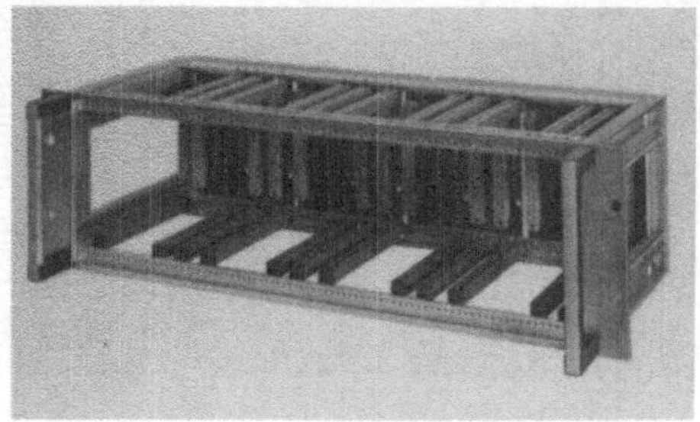

Bild 5.42 19"-Kartenmagazin zur Montage mehrerer Leiterkarten

Bild 5.43 19"-Kartenhalter für die Montage einer Leiterkarte in einem Schaltschrank

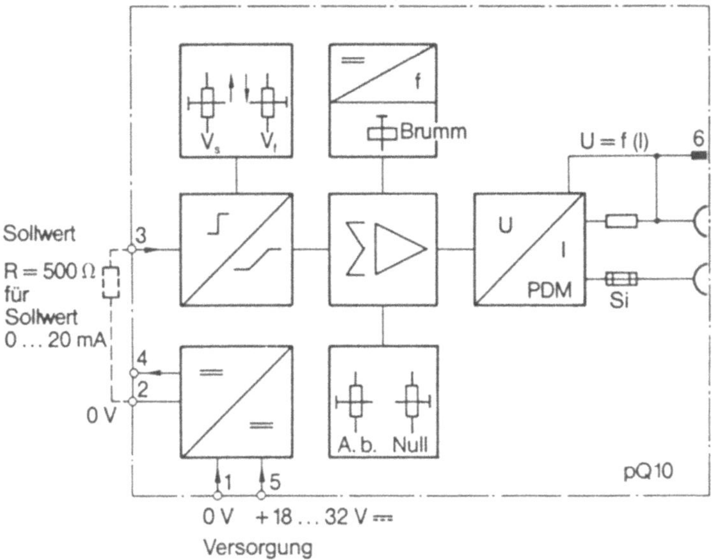

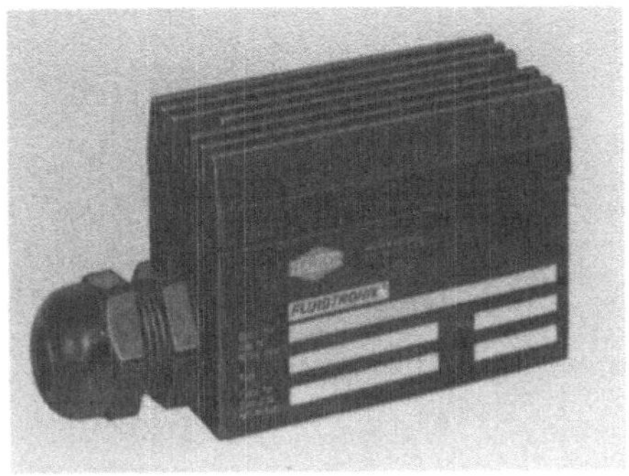

Bild 5.44
Ansteuerelektronik eingebaut in einen Ventilstecker

5.6 Auswahlkriterien

Die Auswahl einer Ansteuerelektronik hängt im wesentlichen vom Proportionalventil und von der Steuerungsaufgabe ab. Entscheidend für die Funktion einer Ansteuerelektronik bezüglich des Ventils ist, daß alle elektrischen Parameter aufeinander abgestimmt sind. Ebenso wichtig ist die Abstimmung mit der Steuerungsaufgabe und, wenn vorhanden, mit der übergeordneten Anlagen- oder Maschinensteuerung. In den Tabellen 5.3 und 5.4 sind die diesbezüglichen Auswahlkriterien aufgelistet.

5.7 Steuerungen mit Proportionalventilen

Proportionalventile werden vorwiegend in der Hydraulik, aber für bestimmte Aufgaben auch in der Pneumatik, zunehmend eingesetzt. Während für hydraulische Steuerungen

Tabelle 5.3 Auswahlkriterien einer Ansteuerelektronik für Proportionalventile

Auswahlkriterien	Mögliche Varianten	Bei Auswahl der Ansteuerelektronik zu beachten	Auswirkung bei falscher Auswahl
Anzahl der Proportionalmagnete	1 Magnet (Magnet A)	Elektronik mit Ausgang für einen Magnet (Magnet A) auswählen.	Keine, Elektronik mit Ausgängen für 2 Magnete ist verwendbar. Zweiter Ausgang wird nicht benutzt.
	2 Magnete (Magnet A + B)	Elektronik mit Ausgängen für zwei Magnete (Magnet A+ B) auswählen.	Elektronik mit Ausgang für einen Magnet ist nicht verwendbar, da nur ein Magnet steuerbar.
Lageregelung	Ventil ohne Wegaufnehmer	Elektronik darf keinen Lageregler besitzen.	Bei Verwendung einer Elektronik mit Lageregler läßt sich das Ventil nicht steuern (Istwert fehlt).
	Ventil mit Wegaufnehmer	Elektronik muß Lageregler besitzen	Verwendung einer Elektronik ohne Lageregler führt zu Fehlfunktion.
Magnetstrom (Ventilnennstrom)	Ventilspezifisch	Die Elektronik muß den max. Magnetstrom (Nennstrom) des angeschlossenen Ventils abgeben können	Ist der max. Ausgangsstrom der Elektronik kleiner als der Magnetnennstrom, ist keine 100 %ige Aussteuerung des Ventils möglich.
Magnetwiderstand bei 20 °C (Kaltwiderstand R20)	Ventilspezifisch	Der Magnet-Kaltwiderstand muß mit dem zulässigen Bereich der Elektronik übereinstimmen.	Zu großer Widerstand: Nennstrom des Ventils und damit 100 %ige Auslenkung kann nicht erreicht werden. Zu kleiner Widerstand: Ausgänge der Elektronik werden überlastet.

Tabelle 5.4 Auswahlkriterien einer Ansteuerelektronik für Proportionalventile bezogen auf die Steuerungsaufgabe

Auswahlkriterien	Mögliche Varianten	Bei Auswahl der Ansteuerelektronik zu beachten	Auswirkung bei falscher Auswahl
Sollwertsignal	Extern: Potentiometer Rechner	Elektronik muß Eingang für externes Sollwertsignal besitzen.	Bei Verwendung einer Elektronik ohne ext. Sollwerteingang kann Ventil nicht gesteuert werden.
	Intern:	Elektronik muß der Steuerungsaufgabe entsprechende Anzahl interner Sollwerte besitzen.	Zu wenige interne Sollwerte machen evtl. Erweiterungselektronik mit weiteren Sollwerten notwendig.
Sollwertsignalbereich (bei externem Sollwert)	0 ... 10 V 0 ... 20 mA 4 ... 20 mA digital	Externer Sollwerteingang muß dem vorgegebenen Sollwertsignal entsprechen.	Bei Verwendung einer Elektronik mit falschen Sollwertsignalbereich erfolgt Fehlfunktion. Evtl. wird Sollwertgeber zerstört.
Rampenfunktion	Zeitbereich (bezogen auf den Sollwertsprung von 0 auf 100 %)	Gewählter Zeitbereich muß den zu steuernden Volumenströme und Massen entsprechen. Große Massen/Volumenstrom = lange Zeit.	Bei zu kurzer Zeit (steile Rampe) sind mechanische Überlastungen von Maschine und Steuergeräten möglich. Zu lange Zeit (flache Rampe) kann zu unnötigen Zeitverzögerungen führen (Taktzeitverlust).
	Anzahl der Rampen	Elektronik muß der Steuerungsaufgabe entsprechende Anzahl von Rampen besitzen. Evtl. wird keine Rampe benötigt (vorwiegend bei pneumatischen Steuerungen).	Große mechanische Belastungen der Steuergeräte, Leitungen und Anlage/Maschine möglich, wenn Elektronik keine Rampe besitzt (vorwiegend bei hydraulischen Steuerungen).

und auch Regelungen Proportional-Wege- und Druckventile eingesetzt werden, werden für pneumatische vorwiegend, entsprechend der Aufgabenstellung, Proportional-Druckventile eingesetzt. An einigen Beispielen aus der Pneumatik und der Hydraulik wird nun der Einsatz der Proportionaltechnik beschrieben.

5.7.1 Drucksteuerung für einen einfachwirkenden Pneumatikzylinder

Für eine Schweißelektrode zum elektrischen Widerstandsschweißen müssen entsprechend der Dicke und Oberflächbeschaffenheit der zu verbindenden Stahlbleche vier verschiedene Anpreßkräfte einstellbar sein. Mit einem einfachwirkenden Pneumatikzylinder wird diese Aufgabe über vier Einstellwerte des Zylinderdrucks, die elektrisch fernbetätigt und durch ein analoges Spannungssignal programmabhängig gesteuert werden, realisiert. Der Druck kann mit Schaltventilen oder mit einem Proportionalventil gesteuert werden. Bei einem Vergleich beider Steuerungen (Bild 5.45 und Bild 5.46) zeigt sich, daß eine Lösung mit Schaltventilen erheblich mehr Aufwand für Geräte, Montagematerial, Montagezeit

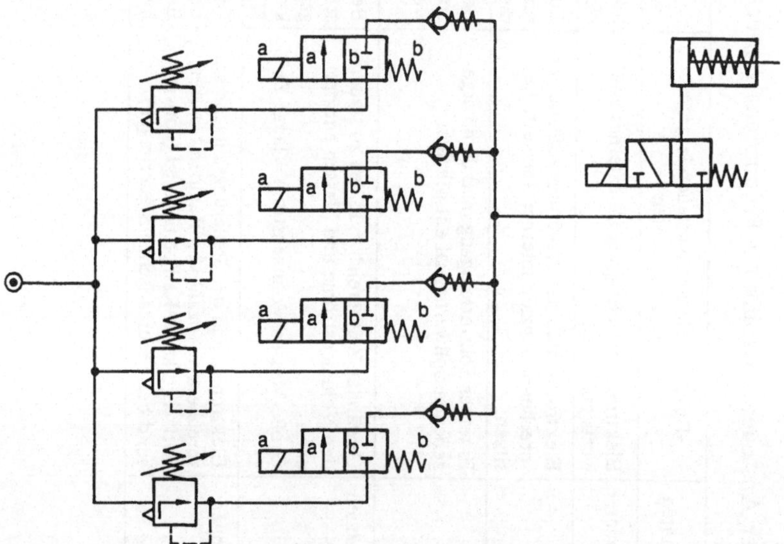

Bild 5.45 Pneumatik – Drucksteuerung mit herkömmlichen Druckventilen

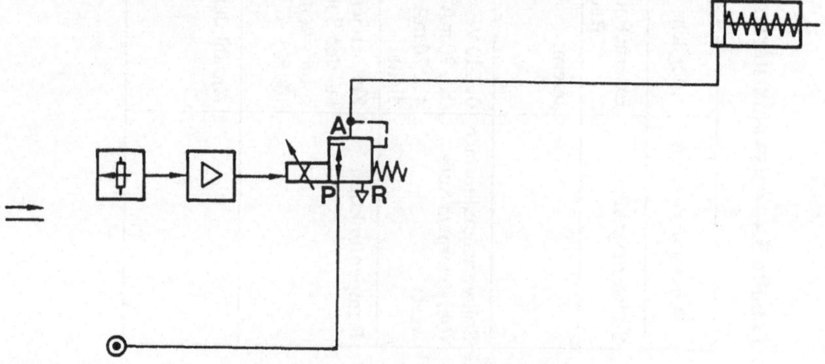

Bild 5.46 Pneumatik – Drucksteuerung mit Proportional-Druckventil

und Platz erfordert. Eine Lösung mit einem Proportional-Druckregelventil ist nicht nur erheblich preis- und platzgünstiger, sondern der Druck kann auch elektrisch fernverstellbar und programmierbar für den jeweiligen Arbeitsgang optimal zugeordnet werden. Die Ansteuerelektronik formt das von einer programmierbaren Steuerung gelieferte analoge Spannungssignal in einen zum Eingangssignal proportionalen Magnetstrom um.

5.7.2 Zugkraftregelung für eine Aufwickelhaspel

Die Zugkraft beim Aufwickeln von Elektrokabeln auf eine Haspel muß, unabhängig vom Wickeldurchmesser, elektrisch fernverstellbar und, je nach Kabelart, programmierbar geregelt werden.

Der Kabelzug ist abhängig von der Stellung, also dem Weg der Tänzerwalze (Bild 5.47), der durch die Bremswirkung der pneumatisch betätigten Backenbremse am Abwickelhaspel bestimmt wird. Tänzerwalze oben bedeutet maximale, Tänzerwalze unten minimale Zugkraft.

Die Wegregelung für die Tänzerwalze erfolgt durch ein Proportional-Druckregelsystem im geschlossenen Regelkreis, der aus dem Proportional-Druckregelventil, der Ansteuerelektronik mit integriertem P-I-Regler und dem Wegaufnehmer mit analogem Ausgang besteht. An der Ansteuerelektronik wird der Sollwert, die Führungsgröße W und ein Spannungssignal zwischen 0 und 10 V von einer programmierbaren Steuerung vorgegeben. Über das Ausgangssignal, den Magnetstrom, bewirkt der Sollwert durch das Proportional-Druckregelventil einen bestimmten Druck und damit eine bestimmte Bremskraft. Vom Wegaufnehmer an der Tänzerwalze wird der Weg in ein Spannungssignal zwischen 0 und 10 V, das als Regelgröße X dem P-I-Regler zugeführt wird, umgeformt. Stellt der Regler beim Vergleich zwischen Führungsgröße W und Regelgröße X eine Regelabweichung fest, wird über das Ausgangssignal, die Stellgröße Y, der Magnetstrom für das Proportional-Druckregelventil vom Regler so verändert, daß die Regelabweichung gegen Null geht.

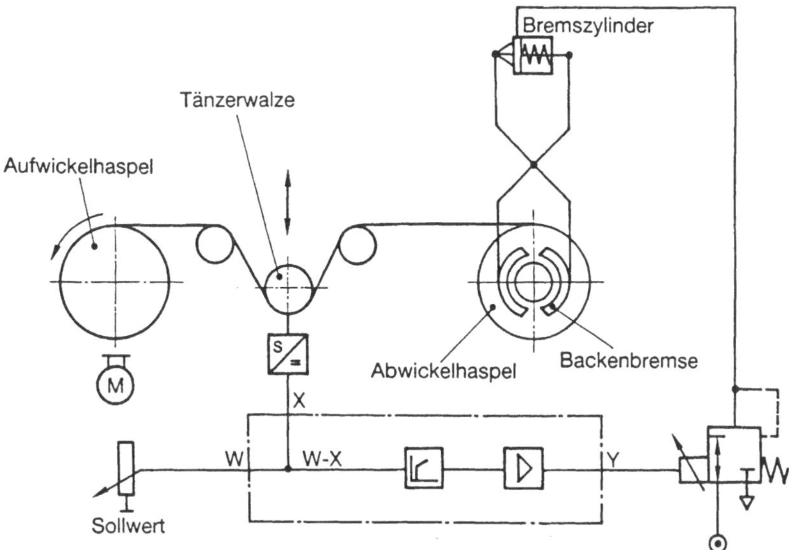

Bild 5.47 Technologieschema für die pneumatische Zugkraftregelung einer Aufwickelhaspel

5.7.3 Spannkraftregelung für eine hydraulisch betätigte Spanneinrichtung

Eine hydraulisch betätigte Spanneinrichtung einer Werkzeugmaschine muß Werkstücke mit unterschiedlichen Spannkräften aufnehmen. Der dafür jeweils erforderliche hydraulische Druck soll programmierbar elektrisch fernbetätigt eingestellt werden. Aus Sicherheitsgründen ist ein Quittiersignal „Spanndruck erreicht" an die Maschinensteuerung erforderlich. Die Sollwertvorgabe erfolgt digital von der Maschinensteuerung, bei einem Systemdruck von 150 bar muß der Spanndruck von 7 bis 60 bar mit einer Toleranz von ± 1 bar stufenlos einstellbar sein.

Wegen der geforderten Drucktoleranz und der Bereitstellung des Quittiersignals „Spanndruck erreicht" ist ein Druckregelsystem im geschlossenem Regelkreis erforderlich (Bild 5.48). Die Maschinensteuerung liefert den entsprechenden Sollwert digital an die Regelelektronik. Der Digital-Analogwandler am Eingang der Ansteuerelektronik gibt den Sollwert W als analoges Spannungssignal weiter. Aus dem Sollwertvergleich mit dem Istwert der Regelgröße X, der vom Druckaufnehmer geliefert wird, ergibt sich am Ausgang des in der Ansteuerelektronik integrierten PI-Reglers die Stellgröße Y, der Ansteuerstrom für das 3-Wege-Proportional-Druckminderventil. Das analoge Signal der Regelabweichung X-W geht gegen 0, wenn der geforderte Spanndruck erreicht ist. Durch den Vergleich dieses Signals mit einem einstellbaren Toleranzwert T 01 der Schwellwert-

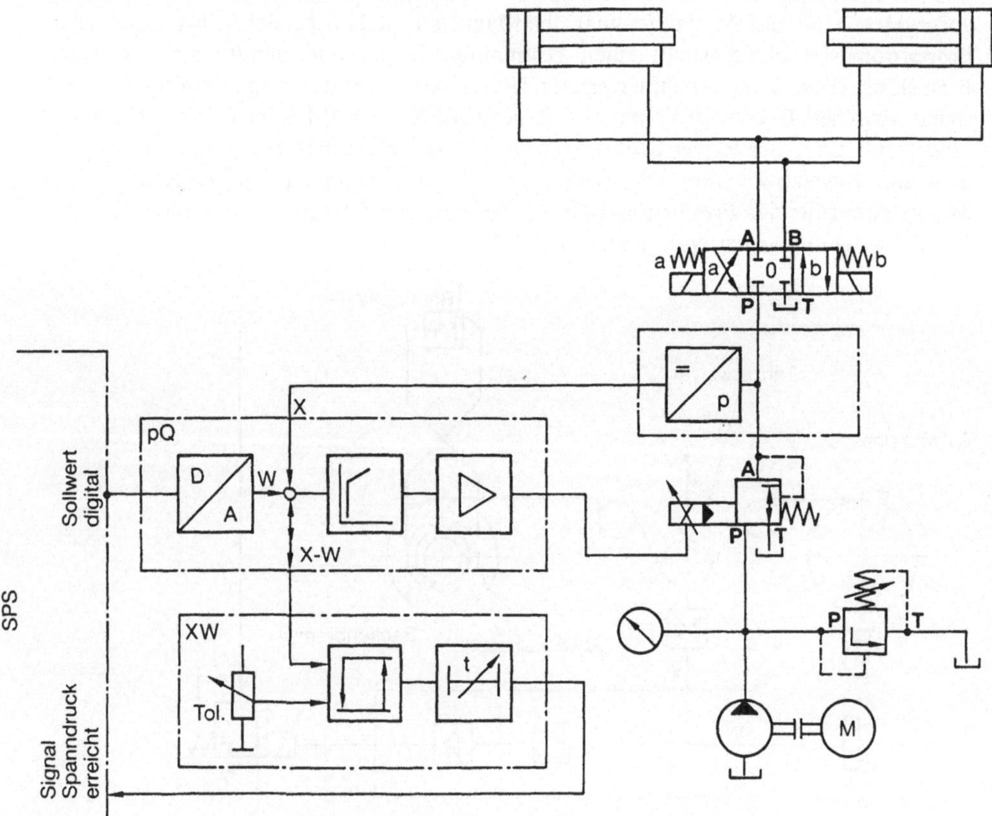

Bild 5.48 Spannkraftregelung für eine hydraulisch betätigte Spanneinrichtung

Schalterkarte XW wird bei Signalgleichheit das Quittiersignal „Spanndruck erreicht“ an die Maschinensteuerung gegeben.

Beide Beispiele zeigen, daß mit geringem Aufwand Proportionalventile in einen Regelkreis als Stellglieder eingebaut werden können.

5.7.4 Hydraulische Spann- und Vorschubsteuerung für eine Fräsmaschine

Die Spann- und Vorschubsteuerung für eine Fräsmaschine kann, wie schon im Kapitel 4.7.3 erwähnt, sowohl mit Schaltventilen als auch mit Proportionalventilen aufgebaut werden. Die Funktion ist im o.g. Kapitel ausführlich beschrieben und wird hier kurz wiederholt.

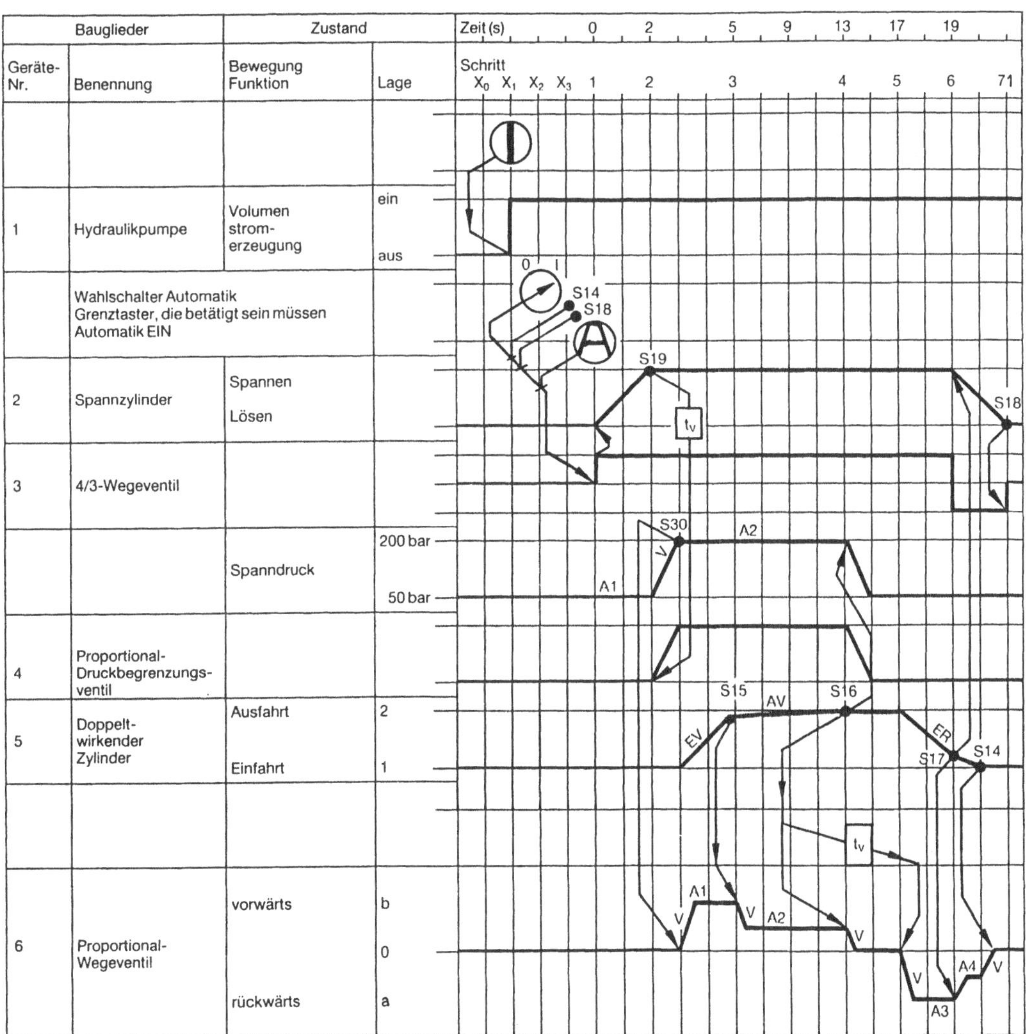

Bild 5.49 Funktionsdiagramm für die hydraulische Spann- und Vorschubeinrichtung einer Fräsmaschine

Um das zu spannende Werkstück nicht zu beschädigen, fährt der Spannzylinder mit kleinem Druck bis an das Werkstück vor, dort wird dann mit dem Endschalter S 19 (Bild 5.49 und 5.50) nach zeitlicher Verzögerung der höhere Spanndruck zugeschaltet. Nach der Quittierung des Spanndrucks durch den Druckschalter S 30 fährt der Arbeitsschlitten im Eilgang bis zum Werkstück vor und wird dort durch den Endschalter S 15 auf Arbeitsgeschwindigkeit umgeschaltet. Am Ende des Arbeitshubs leitet der Endschalter S 16 nach einer Zeitverzögerung den Eilrücklauf ein, der Endschalter S 17 schaltet kurz vor der hinteren Endlage den Arbeitsschlitten auf Schleichrücklauf.

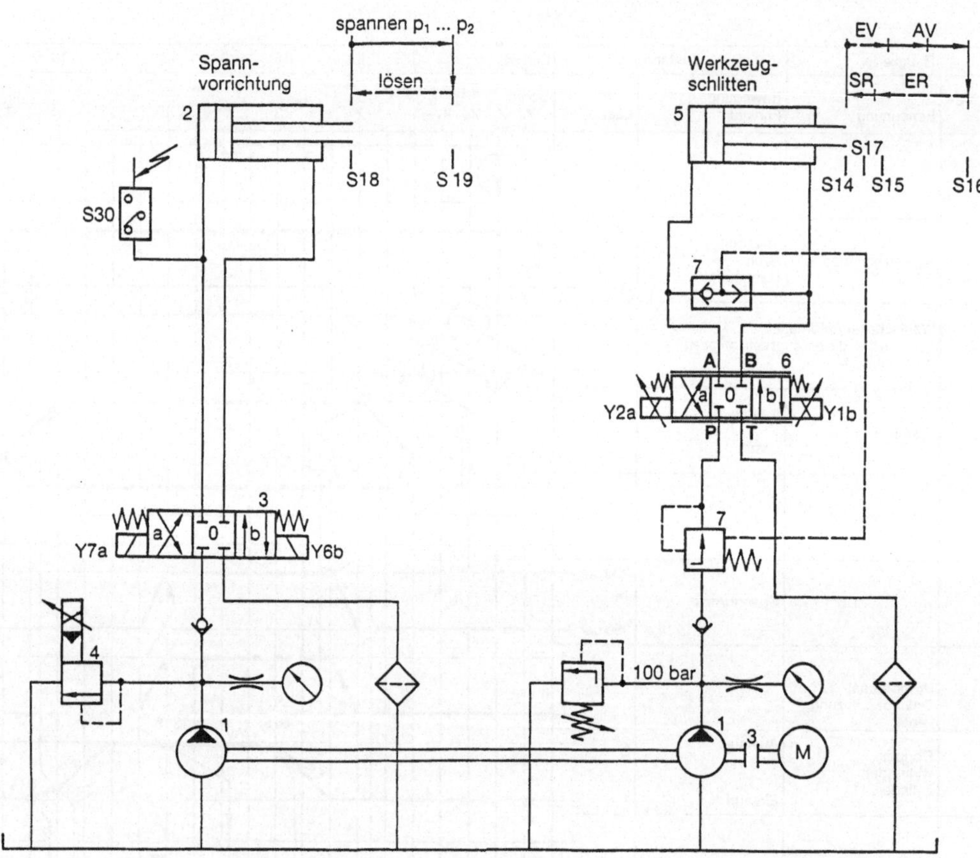

Bild 5.50 Hydraulikschaltplan für die hydraulische Spann- und Vorschubeinrichtung einer Fräsmaschine mit Proportionalventilen

Die Längsbewegungen des Spannzylinders werden vom 4/3-Wegeventil, der Druck wird vom Proportional-Druckbegrenzungsventil (Bild 5.50 Pos. 3 und Pos. 4) gesteuert. Die Einstellung des Spanndrucks erfolgt (Bild 5.51) über die internen Sollwertgeber A1 (50 bar) und A2 (200 bar). Mit dem Zeitrelais K 23 (Schaltplan Bild 5.53) werden die Sollwerte A1 und A2 angesteuert. Der Druckanstieg beim Umschalten erfolgt nicht, wie beim Schaltventil, schlagartig, sondern wird über die Rampe V den Erfordernissen entsprechend eingestellt. Nach Erreichen des Spanndrucks (Druckschalter S 30) wird der Vorlauf des Werkzeugschlittens gestartet. Dazu wird der interne Sollwert der Ansteuerelektronik U 2 (Bild 5.52) über die Kontakte K 30 (Vorlauf) und K 33 (Eilvorlauf) abgerufen (Schaltplan Bild 5.53). Dieser Sollwert ist über die Brücke B1 in der Ansteuerelektronik (Bild 5.52) an negative Spannung gelegt, damit wird der Proportionalmagnet Y1 (Bild 5.50) und damit die Schaltstellung b des Proportionalwegeventils angesteuert, der Zylinder fährt aus. Die Ausfahrgeschwindigkeit hängt von der Größe der internen Sollwerte A1 und A2 und die Beschleunigung von der eingestellten Rampe V ab. Nach Bestätigung der vorderen Endlage des Zylinders durch den Endschalter S 16 und nach Ablauf der Verzögerungszeit t_v wird mit dem internen Sollwert A3 über K 35 (Rücklauf) und K 38 (Eilrücklauf) der Rücklauf des Werkzeugschlittens eingeleitet. Dazu muß der Proportionalmagnet Y2, der die Schaltstellung a des Proportionalwegeventils schaltet, mit einem positiven Sollwertsignal, das mit der Brücke B3 vorgewählt wird, angesteuert werden. Der Zylinder fährt im Eilgang zurück, bis der Endschalter S 17 über K 33 den internen Sollwert A4 auf Schleichgang schaltet. Auch im Rücklauf erfolgt die Beschleunigung und Verzögerung durch die Rampe V. Der Endschalter S 14 bestätigt die Endstellung des Schlittens, und das Proportionalwegeventil schaltet in Sperr-Mittelstellung. Über den Endschalter S 17 wird auch der Rücklauf des Spannzylinders eingeleitet und der Spanndruck auf kleinen Wert zurückgestellt.

Beim Vergleich der beiden Steuerungen zeigt sich, daß bei der Steuerung mit Schaltventilen wesentlich mehr hydraulische Komponenten als bei der Proportionalsteuerung notwendig sind. Das Hydraulikaggregat wird teurer und der Aufwand für die Elektroanschlüsse und die elektrischen Leitungen wird größer. Bei der Steuerung mit Proportionalventilen wird eine aufwendigere Elektronik benötigt, die Steuerung selbst wird dadurch wesentlich flexibler. Weitere Spanndrücke oder Kolbengeschwindigkeiten sind mit geringem Aufwand realisierbar. Durch das Umschalten der Drücke und Kolbenbewegungen über die einstellbare Rampe entstehen keine Schaltstöße und die Anlage wird dadurch geschont und betriebssicherer.

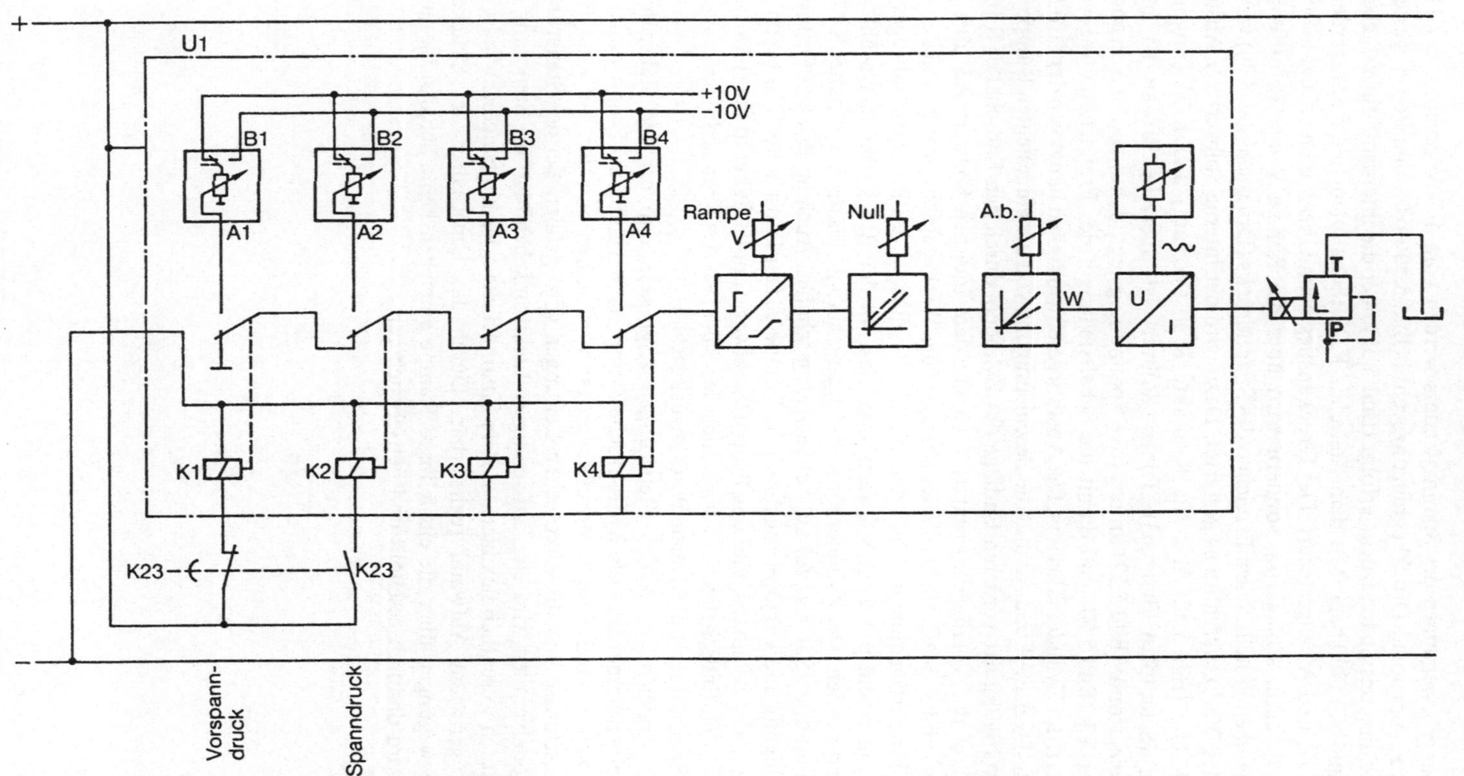

Bild 5.51 Ansteuerelektronik für das Proportional-Druckventil der hydraulischen Spann- und Vorschubeinrichtung einer Fräsmaschine

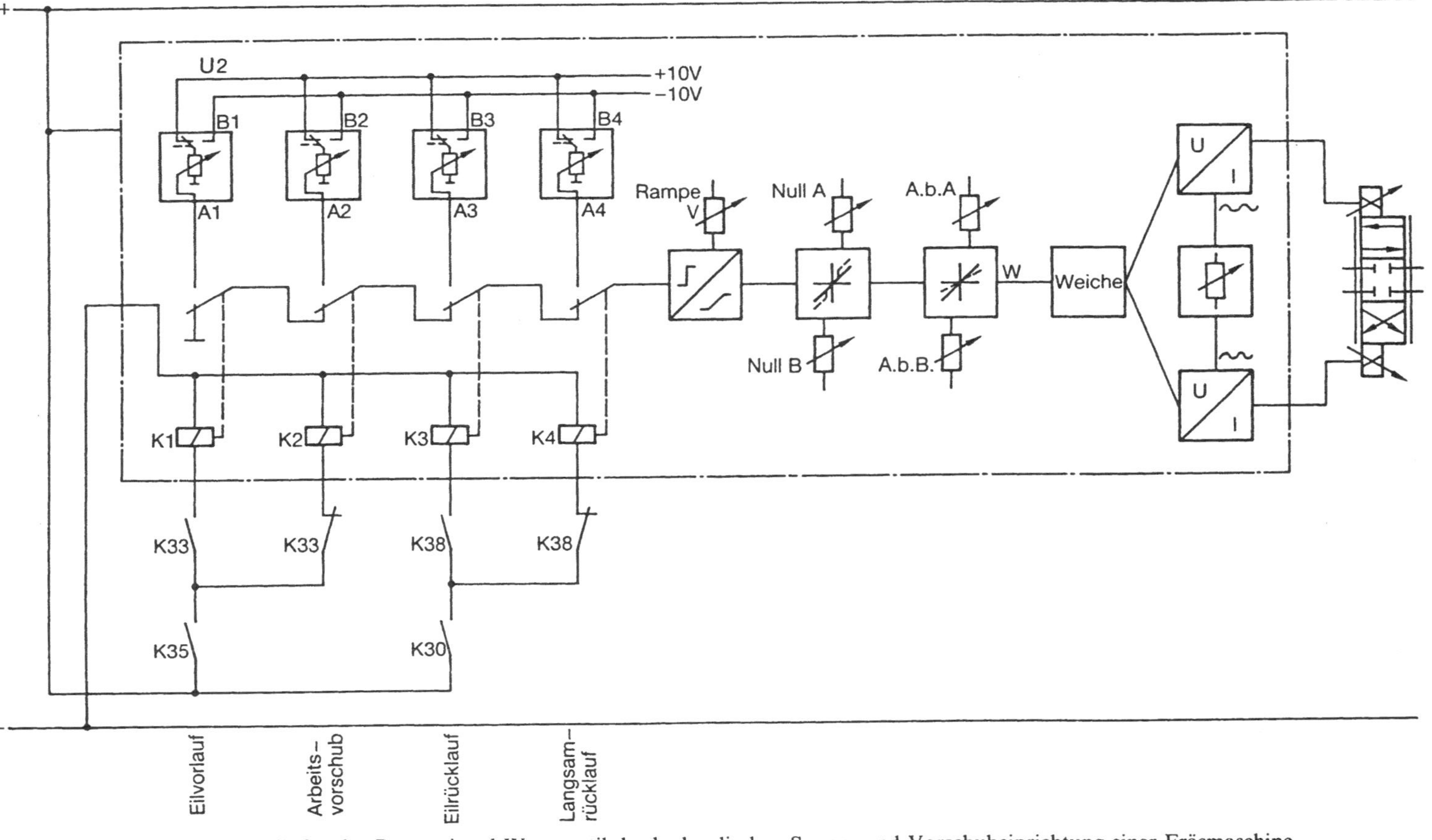

Bild 5.52 Ansteuerelektronik für das Proportional-Wegeventil der hydraulischen Spann- und Vorschubeinrichtung einer Fräsmaschine

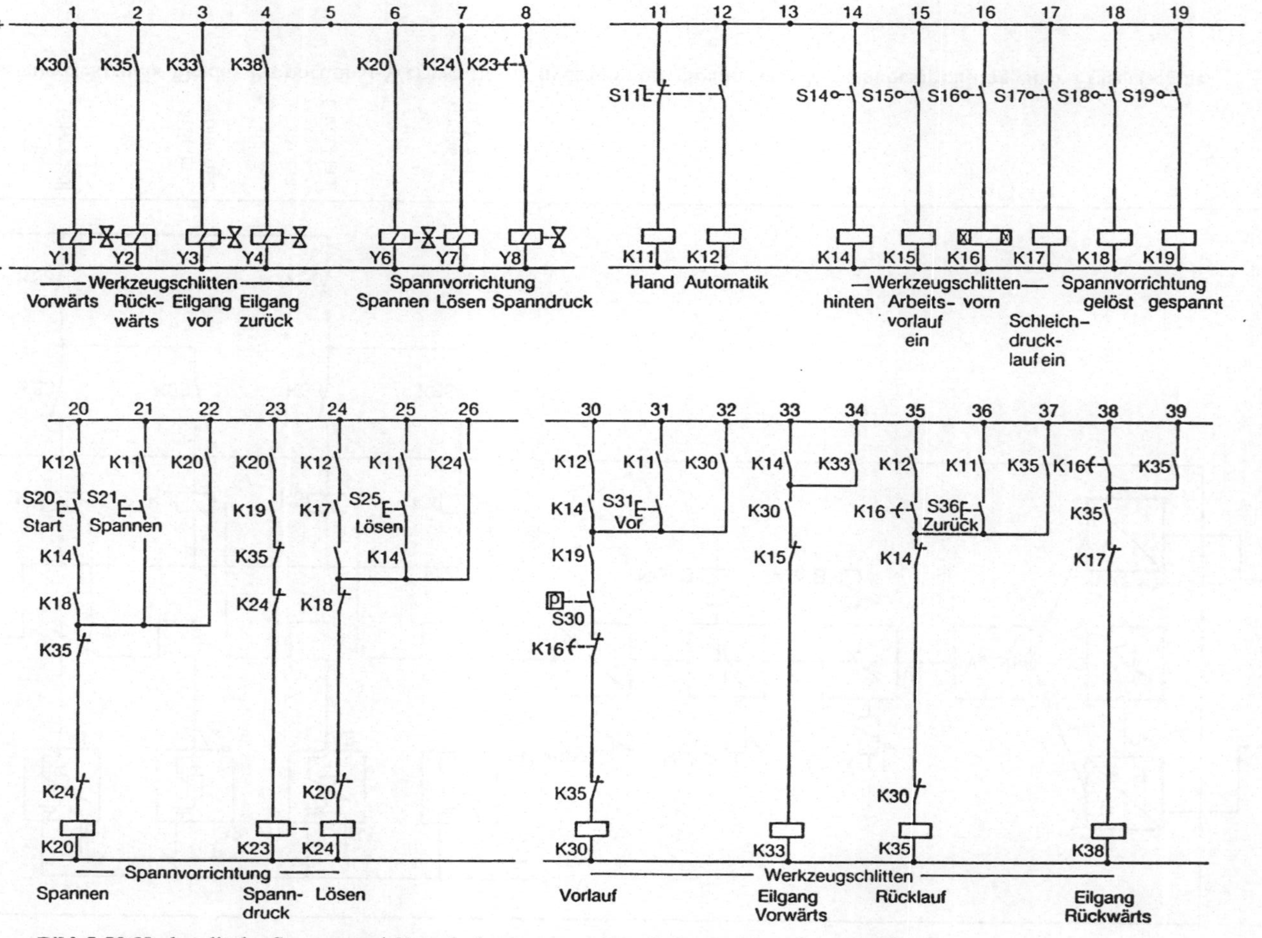

Bild 5.53 Hydraulische Spann- und Vorschubsteuerung einer Fräsmaschine; Stromlaufplan

6 Einsatz speicherprogrammierbarer Steuerungen in elektropneumatischen und elektrohydraulischen Steuerungen

Die speicherprogrammierbare Steuerung (SPS) ersetzt in nahezu allen Bereichen der industriellen Fertigung in immer stärkerem Maße die verbindungsprogrammierte Steuerung (VPS), die festverdrahtete Logik in der elektrischen Steuerungstechnik. Als Ursache dieser Entwicklung sind einerseits die steigenden Personalkosten für die „Handverdrahtung" einer VPS und andererseits die sinkenden Kosten für elektronische Bauelemente verantwortlich.

Charakteristisch sind heute zwei Gerätetypen, die kompakte Kleinsteuerung, als Ersatz für die konventionelle Schützsteuereung mit maximal 20 Schützen, und das ausbaufähige Automatisierungsgerät für die universelle Nutzung. Die Wirtschaftlichkeit für den Einsatz einer SPS gegenüber einer VPS beginnt bei sechs bis zehn Schützen.

Jedes Anwendungsgebiet erfordert andere Leistungsmerkmale. Maschinensteuerungen müssen schnell sein, verfahrenstechnische Anlagen haben üblicherweise sehr viele Daten zu verarbeiten, andere Prozesse erfordern aus Sicherheitsgründen eine Diagnose des laufenden Prozesses. Innerhalb einer Prozeßautomatisierung kann die SPS in verschiedenen Hierarchieebenen eingesetzt werden:

In der Produktions- und Prozeßleitebene,
in der Gruppenführungsebene oder
in der Einzelsteuerungs- bzw. -regelungsebene.

Mit einer SPS können je nach Umfang folgende Automatisierungsaufgaben wirtschaftlich ausgeführt werden:

Steuern, Regeln und Rechnen,
Bedienen, Anzeigen, Beobachten und Protokollieren, sowie
Kommunizieren mit anderen Automatisierungskomponenten.

6.1 Aufbau und Arbeitsweise einer SPS

Die Einordnung der SPS in der Hierarchie der elektrischen Steuerungen zeigt die Abbildung 6.1. Man unterscheidet dabei zwischen verbindungsprogrammierten und speicherprogrammierten Steuerungen.

Bei einer verbindungsprogrammierten Steuerung (VPS) werden die einzelnen Bauteile und Baugruppen einer Steuerung untereinander zu einer Gesamtschaltung fest verdrahtet. Die von außen kommenden Signale werden unabhängig voneinander eingelesen, verarbeitet und genauso unabhängig voneinander wieder ausgegeben. Man spricht hier von einer parallelen Informationsverarbeitung. Das Programm ist bei der VPS durch die Verdrahtung vorgegeben.

Bei speicherprogrammierbaren Steuerungen (SPS) werden die Programme mit Hilfe von Programmiergeräten in Halbleiterspeicher eingegeben und dort dann zyklisch abgearbeitet. Änderungen oder Erweiterungen können ohne schwierige Eingriffe einfach und schnell durchgeführt werden. Um die Programme erstellen zu können, ist die Kenntnis der Programmiersprache erforderlich. Als Programmträger kommen für die SPS unterschiedliche Speichertypen in Frage. In der Übersicht Bild 6.2 sind die z. Zt. am häufigsten eingesetzten Halbleiterspeicher dargestellt.

Bei den Halbleiterspeichern unterscheidet man zwischen flüchtigen Speichern, die bei Spannungsausfall die gespeicherte Information verlieren, und nichtflüchtigen Speichern, deren Signalzustand auch bei Spannungsausfall erhalten bleibt.

Zu den flüchtigen Speichern gehören die RAM-Speicher (Random Access Memory), also Speicher mit wahlfreiem Zugriff. Es sind Schreib-Lese-Speicher mit statischem oder dynamischem Verhalten. Die statische RAM-Speicherzelle ist mit der Selbsthaltung eines Schütz vergleichbar. Die entsprechende elektronische Lösung ist das bistabile Kippglied, das „Flip-Flop". Ist ein solcher Speicher gesetzt, dann behält er seinen Zustand, bis er zurückgesetzt oder die Versorgungsspannung abgeschaltet wird.

Solche Speicherzellen übernehmen als spannungsabhängige Merker in der SPS die gleiche Aufgabe wie das Hilfsschütz in der VPS, und sie werden in vielen SPS als Programmspeicher eingesetzt. Integrierte Schaltkreise enthalten 1024 bis 16000 solcher Speicherzellen bzw. Bits. Diese Speicherzellen werden beim Programmspeicher in Gruppen von 16 Bits oder 2 Bytes zur Bildung von Worten zusammengefaßt. Für die Darstellung der Steueranweisung O 10 werden ein 16-Bit-Wort oder 2 Bytes benötigt. Aus dem 16-Bit-Wort werden 10 Bits für die Bildung der Parameter und die restlichen 6 für das Operationszeichen und das Kennzeichen benötigt.

Jedes Wort, d. h. jede Anweisung, kann bei RAM-Speichern beliebig oft geschrieben, gelesen oder gelöscht werden. Damit bei Spannungsausfall nicht das gesamte Programm

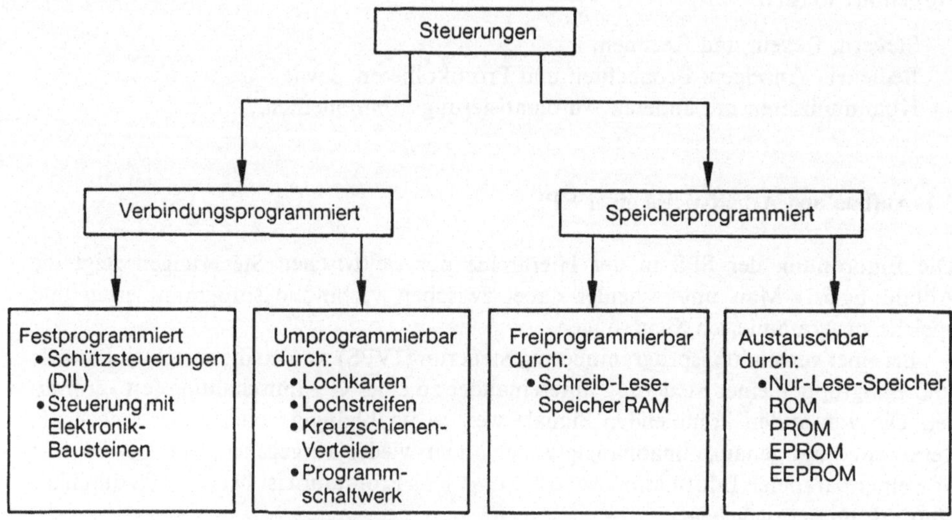

Bild 6.1 Einordnung der SPS in die Hierarchie der elektrischen Steuerungen

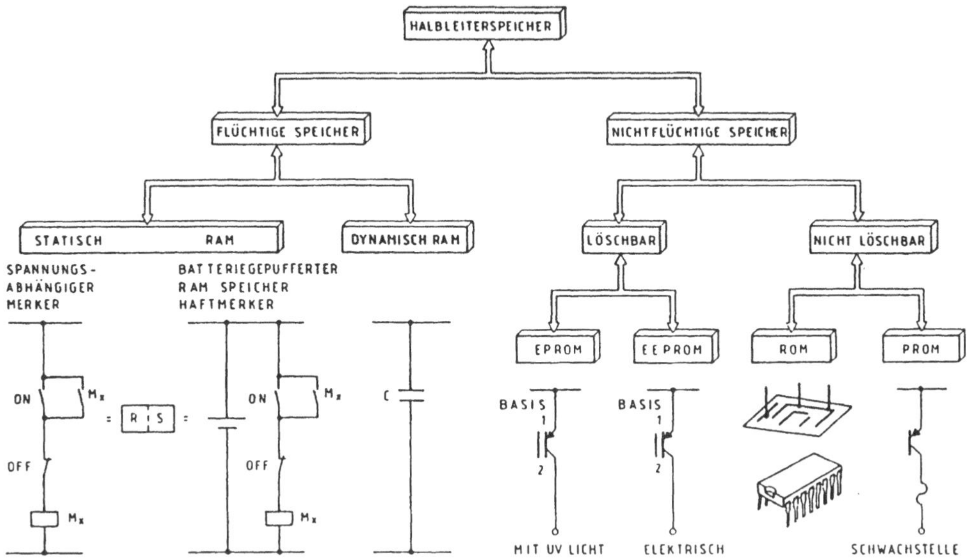

Bild 6.2 Halbleiterprogrammspeicher

gelöscht wird, ist als Hilfsstromquelle eine Pufferbatterie notwendig, oder man setzt spannungsunabhängige EPROM-Speicher ein.

Die dynamische RAM-Speicherzelle (DRAM) besteht aus einem Kondensator, der ständig aufgeladen werden muß, dazu sind sog. Refresh-Einrichtungen notwendig. Die Speicherzellen sind wesentlich kleiner als die statischen RAM-Zellen, so daß integrierte Schaltkreise bis zu 65000 Bits aufnehmen können. Solche DRAM-Speicher werden dort eingesetzt, wo große Speicherkapazitäten notwendig sind, z. B. in Personal- und Minicomputern.

Bei den nichtflüchtigen Speichern unterscheidet man zwischen löschbaren und nicht löschbaren Speichern. Löschbar sind EPROM's (Erasable Programmable Read Only), die mit UV-Licht, und EEPROM's (Electrically Erasable Programmable Read Only), die elektrisch gelöscht werden können. Beide sind programmierbare Nur-Lese-Speicher.

ROM's (Read Only Memory) sind Nur-Lese-Speicher, die bereits bei der Herstellung programmiert werden.

PROM's (Programmable Read Only Memory) sind programmierbare Nur-Lese-Speicher, die nach dem Programmieren nicht mehr gelöscht oder geändert werden können.

DRAM-, ROM- und PROM-Speicher werden in SPS als Anwenderprogrammspeicher nicht genutzt, sie sind nur der Vollständigkeit halber aufgeführt.

In der Praxis benutzt man Schreib-Lese-Speicher als Programmspeicher meist nur bis zur Inbetriebnahme. Sind keine weiteren Programmänderungen mehr notwendig, dann kann der Inhalt dieses RAM-Speichers auf einen EPROM-Speicher übertragen werden. Dadurch ist sichergestellt, daß der Steuerungsablauf nicht durch unsachgemäße Programmänderungen gelöscht wird. Der Inhalt der EPROM's kann nur gewollt verändert werden, man spricht deshalb auch von austauschprogrammierbaren Steuerungen.

6.1.1 Systemkomponenten einer SPS

Die Informationsverarbeitung einer SPS läßt sich wie bei allen Steuerungen in die Funktionsbaugruppen Dateneingabe, Datenverarbeitung und -speicherung sowie Datenausgabe unterteilen. Die Struktur einer SPS entspricht diesen Baugruppen der Informationsverarbeitung, sie besteht aus:

Der Eingabebaugruppe für die Dateneingabe,
der Zentralbaugruppe für die Datenverarbeitung und -speicherung und
der Ausgabebaugruppe.

Sie sind miteinander über ein BUS-System verbunden und werden über eine eigene Baugruppe mit elektrischer Energie versorgt (Bild 6.3).

Bei Kompaktgeräten sind die drei Hauptbaugruppen in einem Gerät integriert, größere Steuerungen sind dagegen modular aufgebaut (Bild 6.4). Dadurch kann die SPS, je nach Aufgabenstellung, zusammengestellt und erweitert werden. Die einzelnen Baugruppen sind dabei in einem Baugruppenträger zusammengefaßt.

Eingabebaugruppe

Über die Eingabebaugruppe werden die von den Sensoren ankommenden Steuersignale an die Zentralbaugruppe übergeben und dort entsprechend dem Programm verarbeitet. Je nach Gerätetyp muß ein bestimmter Spannungspegel angelegt werden. Um Störsignale vom System fernzuhalten, werden die Eingangssignale durch Optokoppler vom „Innenleben" der SPS galvanisch getrennt. Auch die Pegelumwandlung und Codierung der Eingangssignale wird in der Eingabeeinheit vorgenommen. Dem Signalzustand „1" mit dem positiven oder höheren Potential wird der Signalzustand „0" mit dem Masse- oder Bezugspotential zugeordnet, so daß ein offener Eingang, Drahtbruch oder Erdschluß ebenfalls Signalzustand „0" bedeutet. Der Signalzustand wird bei den meisten Geräten durch LED's an der Vorderseite angezeigt. Meistens werden digitale Eingangskarten benutzt (Bild 6.5). Analoge Eingangssignale werden durch entsprechende Eingangskarten über Analog-Digital-Umsetzer oder A/D-Wandler in digitale umgewandelt, bevor sie

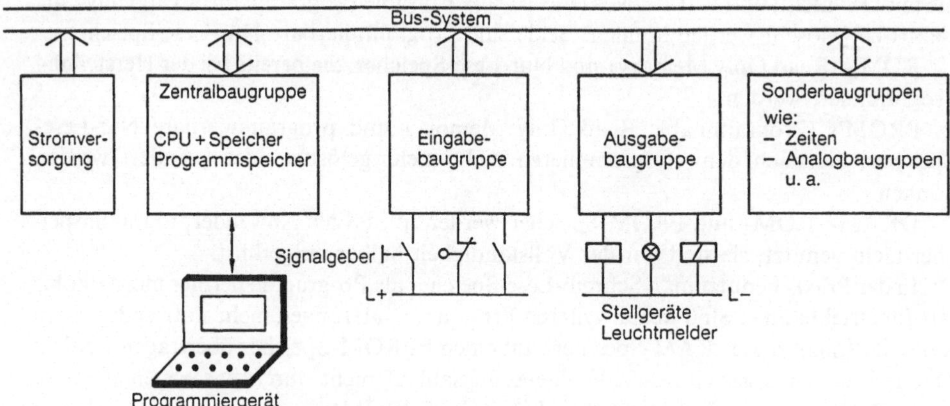

Bild 6.3 Blockschaltbild einer SPS

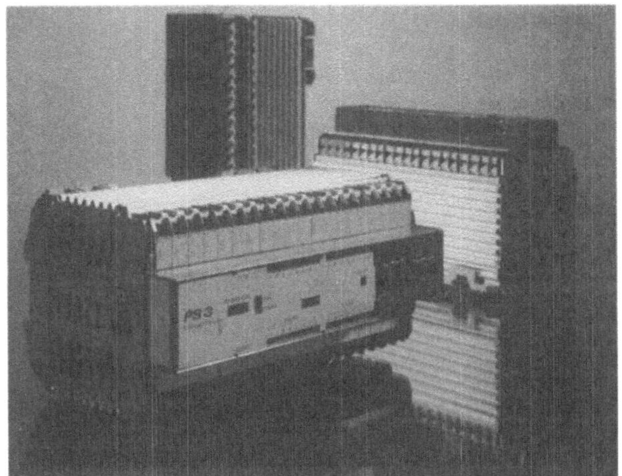

Bild 6.4
Beispiele für SPS
a) modular aufgebaut
b) kompakter Aufbau, alle Funktionsblöcke sind in einem Gehäuse zusammengefaßt

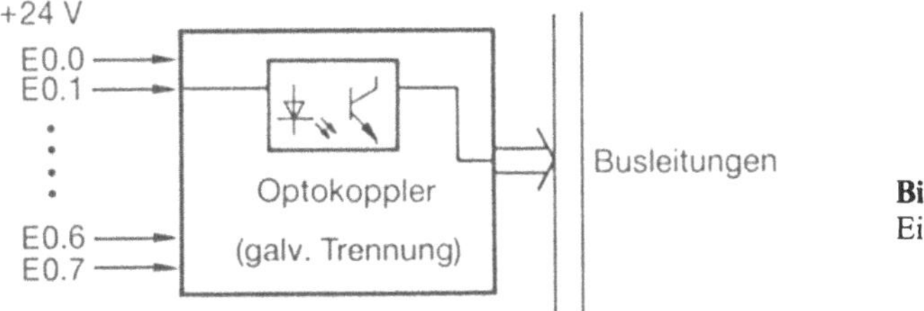

Bild 6.5
Eingabebaugruppe

weiterverarbeitet werden. Es gibt Eingangskarten von 5V bis 240 V Nennspannung und 1,3 mA bis 25 mA Eingangsstrom.

Zentralbaugruppe

Die Zentralbaugruppe (Bild 6.6), das Kernstück der Steuerung, besteht aus der Zentraleinheit, der CPU (Central Processing Unit), die mit einem Mikroprozessor bestückt ist, und dem Programmspeicher. Leitwerk, Steuerwerk, CU (Controll Unit) genannt, bilden

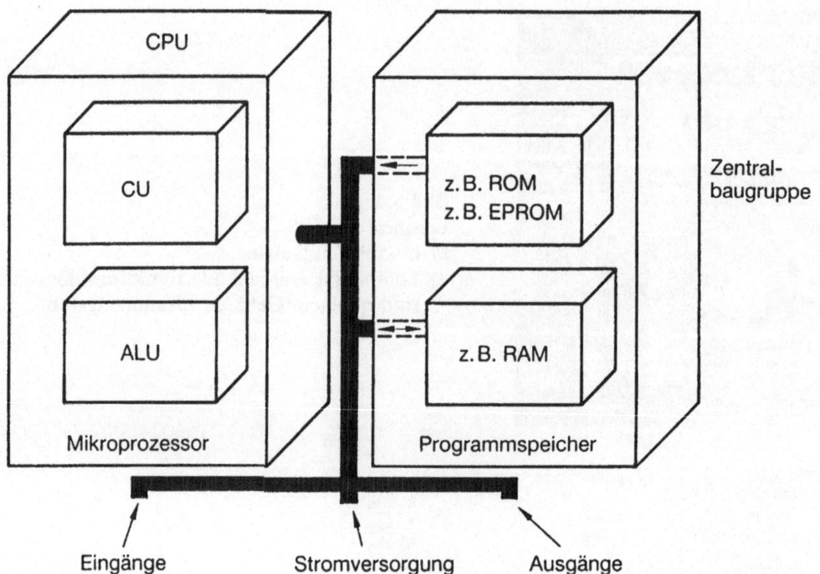

Bild 6.6 Zentralbaugruppe

mit dem Rechenwerk, ALU (Arithmetic Logical Unit) genannt, zusammen die CPU. Der Prozessor arbeitet die aus der Eingangsbaugruppe gelieferten Signale nach dem vorgegebenen Programm ab und liefert der Ausgabeeinheit die entsprechenden Signale. In einem dem Prozessor zugeordneten Systemspeicher, auf den der Programmspeicher keinen Einfluß hat, stehen u. a. Steueradressen und Betriebssystemdaten. Diese führen und überwachen den Dialog zwischen Steuerung und Programmierer, dem sie Bedienfehler usw. sofort melden. Das Übersetzerprogramm des Systemspeichers übersetzt die leicht erfaßbare Programmiersprache, mit der die Anweisungen in die Steuerung eingegeben werden, in eine für die SPS verarbeitbare Form. Der Prozessor ist das eigentliche „Gehirn" der SPS, der alles regiert und verwaltet.

Ist das Programm im Programmspeicher auf einem EPROM abgespeichert, dann kann keine Änderung mehr vorgenommen werden, ohne das EPROM über UV-Licht zu löschen. Das Programm bleibt also erhalten, auch wenn die Versorgungsspannung ausfällt oder abgeschaltet wird.

Ist das Programm auf RAM-Speicher abgespeichert, dann kann mit Hilfe des Programmiergerätes das Programm beliebig oft geändert werden, ohne daß es vorher gelöscht werden muß. Wird aber bei einem RAM-Speicher die Versorgungsspannung weggenommen, dann wird das Programm gelöscht. Deshalb muß dieser Speicher über Batterien gepuffert werden.

Ausgabebaugruppe

Von der Ausgabebaugruppe werden die von der Zentraleinheit gelieferten Signale aufbereitet und über meist digitale Ausgangskarten an die Aktoren oder Stellglieder

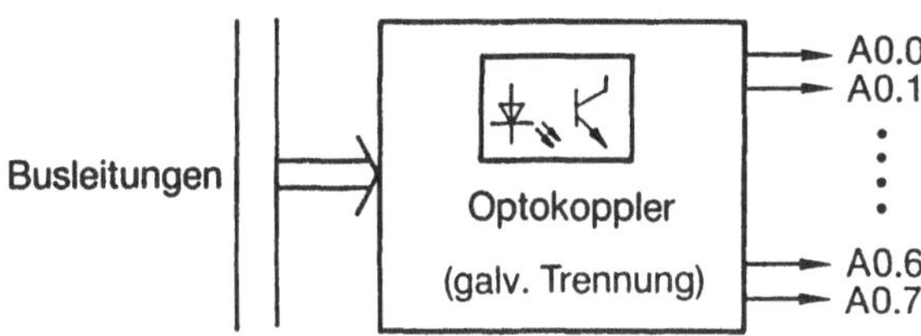

Bild 6.7 Ausgabebaugruppe

ausgegeben (Bild 6.7). An den Klemmen der Ausgangskarte sind also die zu schaltetenden Geräte wie Relais, Schütze, Ventilantriebe usw. angeschlossen. Werden dagegen analoge Ausgangssignale verlangt, müssen die digitalen Signale der Zentralbaugruppe über D/A-Wandler in analoge umgewandelt werden. Je nach Gerät können verschiedene Spannungspegel mit unterschiedlichen Belastungen durchgeschaltet werden. Dies kann entweder über Relais oder elektronisch erfolgen, wobei meistens auch hier über Optokoppler eine galvanische Trennung vorgenommen wird. Die Ausgangskarten sind kurzschlußfest und es gibt sie von 24 V bis 240 V. Der Signalzustand der Ausgänge wird bei den meisten Ausgabebaugruppen über LED's angezeigt.

BUS-System

Unter dem BUS-System versteht man die Sammelleitungen, die die Signale zwischen den einzelnen Baugruppen übertragen. Es besteht aus parallel geschalteten Leitungen, die alle Baugruppen miteinander verbinden. Das BUS-System beinhaltet den Adressenbus, den Steuerbus und den Datenbus.

Mit dem Adressenbus werden die einzelnen Adressen der Baugruppen angesprochen.
Über den Datenbus werden die Daten von der Eingabe- zur Zentral- und Ausgabebaugruppe übertragen.
Durch den Steuerbus werden Signale innerhalb der Baugruppen zur Steuerung und Überwachung des Funktionsablaufs übertragen.

Wird die SPS um eine Baugruppe oder ein Modul erweitert, wird diese auf das BUS-System gesteckt und ist damit an alle Daten und Signale angekoppelt.

Stromversorgung

Mit dieser Baugruppe werden die für die Stromversorgung der SPS notwendigen Spannungen, die sehr genau sein müssen, aus der Netzspannung transformiert. Benötigt wird geglätteter Gleichstrom mit 5 V, 15 V oder 24 V Spannung, die überwacht wird. Weicht der Wert der Spannung zu weit nach oben oder unten ab, wird die SPS stillgelegt und es erfolgt eine Fehlermeldung. Zusätzlich ist in der Stromversorgung noch eine Pufferbatterie eingebaut, so daß bei Stromausfall die in einem RAM gespeicherten Programme erhalten bleiben.

Sonderbaugruppen

Speicherprogrammierbare Steuerungen können noch durch andere Baugruppen, wie Zeit- und Analogbaugruppen, oder andere Bausteine für Sonderfunktionen erweitert werden.

6.1.2 Arbeitsweise einer SPS

Der Prozessor in der Zentralbaugruppe arbeitet das vom Programmierer geschriebene Programm, das im Programmspeicher abgelegt ist, zyklisch durch. Der vorgesehene Steuerungsablauf ist dort in Form einer Anweisungsliste oder Befehlsfolge programmiert. Die Anweisung oder Steueranweisung, die die kleinste Einheit eines Programms darstellt, ist die Arbeitsvorschrift für die Zentraleinheit. Eine Anweisung ist wie folgt aufgebaut:

Adresse + Operationsteil + Operandenteil

Die Anweisungen werden mit der Speicherplatznummer, der Adresse, angegeben. Sie gibt die Reihenfolge, in der das Programm bearbeitet wird, vor.
Im Operationsteil wird mit der Operation die auszuführende Funktion, die Art der Verknüpfung, beschrieben.
Eingänge, Ausgänge, Merker, Zähler, Zeitstufen usw. werden Operanden genannt.
Der Operandenteil besteht aus einem Operandenkennzeichen und einem Parameter, der Operandenadresse.
In DIN 19239 sind die Benennungen, Kennzeichen und Symbole dafür festgelegt.

Die Anweisungen liegen also in einer BIT-Kombination, die „Wort" genannt wird, vor. Das Wort ist die Übersetzung der Programmiersprache einer SPS in die Binärform.

Die Bearbeitungszeit für die programmierten Steueranweisungen, die in ms angegeben wird, nennt man die Zykluszeit.

Der Prozessor vergleicht nun die Signalzustände an den Eingängen, verarbeitet sie entsprechend dem gespeicherten Programm und weist ein bestimmtes Verknüpfungsergebnis den entsprechenden Ausgängen zu. Jede Anweisung des Programms ist durch ihre Speicherplatznummer, die Adresse, gekennzeichnet. Über den Adressenzähler, der seine Impulse von einem Taktgenerator erhält, werden diese Adressen Schritt für Schritt angewählt (Bild 6.8).

Beim Einschalten des Systems geht der Adressenzähler auf die Adresse der 1. Speicherstelle mit der Adresse 0, wo die 1. Anweisung bzw. der 1. Befehl hinterlegt ist. Anschließend werden die Anweisungen in der Reihenfolge der Adressen nacheinander, d. h. seriell, bearbeitet. Nach der letzten Adresse wird der Adressenzähler wieder auf die erste zurückgestellt.

6.1.3 Auswahlkriterien

In der Tabelle 6.1 sind die wichtigsten Kriterien für die Auswahl einer SPS zusammengefaßt, detailliert dazu sind in Bild 6.9 die Programmier- und Dokumentationsmöglichkeiten dargestellt.

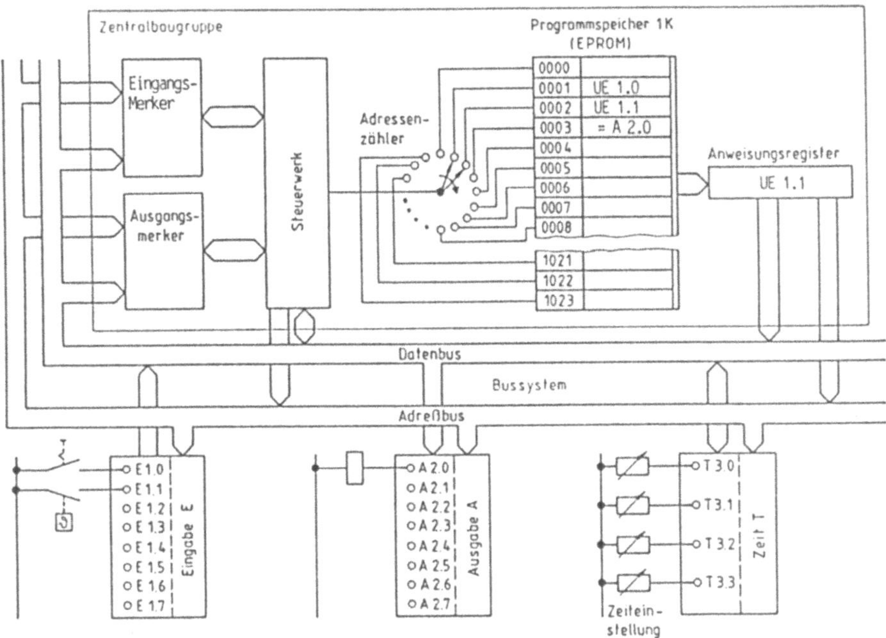

Bild 6.8 Schema der Arbeitsweise einer SPS

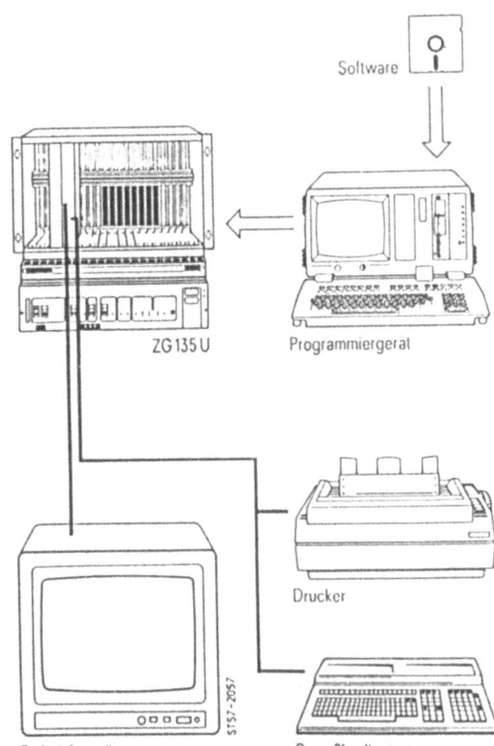

Bild 6.9

Programmier- und Dokumentationsmöglichkeiten einer SPS

Tabelle 6.1 Kriterien für die Auswahl einer SPS

Kriterium			
Haupt-Anwendung	o Kleine Maschinen und Anlagen – binäre Verknüpfung – mit/ohne Analogwertverarbeitung – ohne Regelung – ohne Rechnerkopplung	o Mittlere Maschinen und Anlagen – binäre Verknüpfung – wenig Analogwertverarbeitung – mit/ohne Arithmetik – mit/ohne Regelung – Rechnerkopplung	o Große Maschinen und Anlagen – binäre Verknüpfung – Analogwertverarbeitung – mit Arithmetik – mit/ohne Regelung – Rechnerkopplung – Wortverarbeitung
Anzahl Eingänge Ausgänge	8...32 8...32	32...128 32...128	> 128 > 128
benötigte Anwenderspeicher	bis 1 K	bis 4 K	> 4 K
Bauweise	kompakt	modular	modular
Größenanpassung (Ein/Ausgänge)	Gerätetausch	Zusatzbestückung mit Ein-/Ausgabebaugruppen	Zusatzbestückung mit Ein-/Ausgabebaugruppen
Anschlüsse	Steckbare Klemmleisten	– Frontstecker – Einzelverdrahtung	Frontstecker
Zentraleinheit	– Bitprozessor – Bit-/Wortprozessor	– Bitprozessor – Bit-/Wortprozessor	Wortprozessor (bis 16 Bit)
Programmierbare Funktionen (als Bausteine bzw. als Software)	– Verknüpfung – RS-Speicher – Zeiten – Zähler – Schieberegister – Schrittschaltwerke	– Verknüpfung mit/ohne Unterprogrammtechnik – RS-Speicher – Zeiten – Zähler – Schieberegister – Schrittschaltwerke – Arithmetik	– Verknüpfung mit/ohne Unterprogrammtechnik – RS-Speicher – Zeiten – Zähler – Register first in first out – Register last in first out – Schieberegister – Schrittschaltwerke, Arithmetik
Programmiergeräte	– Taschenprogrammiergeräte – Lichtgriffel-Programmiergerät – Komfortable Programmier- und Testeinrichtungen – Personalcomputer	– Komfortable Programmier- und Testeinrichtungen – Personalcomputer	– Personalcomputer
Programmierung/ Dokumentation	– Stromlaufplantechnik SLP nach DIN 40173/ IEC 117-3 Nach DIN 19239 – Anweisungsliste (AWL) – Kontaktplan (KOP) – Funktionsplan	Nach DIN 19239 – Anweisungsliste (AWL) – Kontaktplan (KOP) – Funktionsplan	Nach DIN 19239 – Anweisungsliste (AWL) – Kontaktplan (KOP) – Funktionsplan
Einzusetzende SPS	klein	mittel	groß

6.2 Programmierung einer SPS

Der Ausgangspunkt bei der Bearbeitung einer Steuerungsaufgabe ist die technologische Aufgabenstellung, die gegliedert und häufig grafisch aufbereitet in Form von Skizzen, Funktionsplänen und Diagrammen vorliegt.

Für die SPS gibt es drei wichtige Programmierverfahren:

- Programmieren mit Anweisungsliste (AWL),
- Programmieren mit Funktionsplan (FUP) und
- Programmieren mit Kontaktplan (KOP).

6.2.1 Programmieren mit Anweisungsliste (AWL)

Beim Programmieren in AWL benutzt man eine steuerungsspezifische, mnemotechnische Eingabesprache, mit der die Elementaroperationen der SPS ausgedrückt werden können. Elementaroperationen sind nicht weiter unterteilbare Anweisungen, die von der Hardware des Steuergeräts ausgeführt werden. Bei einem Computer nennt man diese Anweisungen Maschinenbefehle. Die Eingabesprache der SPS wäre also vergleichbar mit der Assemblersprache. Auf dieser Ebene können alle Fähigkeiten der Hardware einer SPS ausgenutzt werden.

Die Programmierung in AWL ist daher z. Zt. die universellste Methode, und die meisten Programmiersysteme setzen Kontaktplan- oder Funktionsplan-Anweisungen in AWL um.

Die Anweisung im Programmspeicher besteht, wie schon beschrieben, aus der Adresse und zwei Teilen, dem Operationsteil und dem Operandenteil (s. Bspl). Der Operandenteil setzt sich aus dem Operandenkennzeichen (z. B. E = Eingang, A = Ausgang, M = Merker usw.) und einem Parameter (z. B. Nr. des Eingangs, Ausgangs, Merkers usw.) zusammen. Nach DIN 19239 kann der Operationsteil bis zu vier, das Operandenkennzeichen bis zu zwei und der Parameter beliebig viele Zeichen umfassen. Zur besseren Übersichtlichkeit können die einzelnen Teile durch Leerzeichen, sog. blancs, getrennt werden. DIN 19239 legt auch die mnemotechnischen Abkürzungen für die durchzuführenden Operationen, die Operandenkennzeichen und die ggf. notwendigen Ergänzungen fest.

Beispiel:

1. Anweisung

Adresse	Operationsteil	Operandenteil	
		Operandenkennzeichen	Parameter
0001	U	E	4.0
	(UND)	(Eingang)	(Nr. 4.0)

2. Anweisung

0002	O	A	1.2
	(ODER)	(Ausgang)	(Nr. 1.2)

6.2.2 Programmieren mit Funktionsplan (FUP)

Der Funktionsplan nach DIN 19239 und 40700 T6 ist am Prozeß, also am Vorgang orientiert, und damit ist eine vom Gerät unabhängige Beschreibung möglich. Er ist für die Prozeßrechnertechnik genauso brauchbar wie für SPS, also eine gute Projektierungshilfe für Steuerungen. Der Funktionsplan enthält sowohl druckergerechte, grafische Symbole zur Beschreibung logischer Verknüpfungen als auch Symbole für Schritt- und Befehlselemente, mit denen sich sequentielle Abläufe anschaulich darstellen lassen. Der Verknüpfungsteil mit Schaltzeichen für digitale Informationsverarbeitung nach DIN 40700 T14 wird auch als Logikplan (LOP) oder einfacher Funktionsplan (Bild 6.11) bezeichnet.

Der wesentliche Vorteil des Funktionsplanes gegenüber anderen Darstellungen ist der Ablaufteil nach DIN 40719 T6. Damit können sequentielle Abläufe so dargestellt werden, daß sie der funktionalen Beschreibung ähnlich sind (Bild 6.10). Die Ablaufkette einer Steuerung wird mit Schritten, Befehlen und Bedingungen strukturiert.

Die Schritte stellen die einzelnen Zustände oder Phasen eines Prozesses oder Vorgangs dar. Für den Übergang von einem Zustand in den nächsten werden Bedingungen angegeben, die erfüllt sein müssen, damit der Übergang erfolgen kann. Durch Befehle werden die für jeden Zustand notwendigen Steueroperationen ausgedrückt.

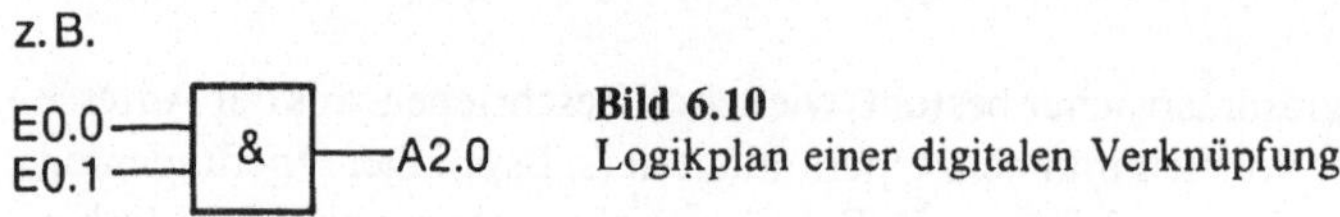

Bild 6.10
Logikplan einer digitalen Verknüpfung

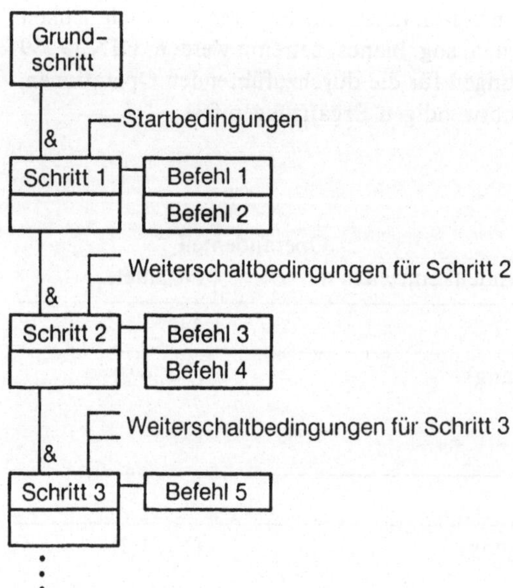

Bild 6.11 Funktionsplan (FUP)

6.2.3 Programmieren mit Kontaktplan (KOP)

Der Kontaktplan nach DIN 19239 ist die grafische Darstellung einer Steuerung mit den in den USA gebräuchlichen Symbolen. Er hat Ähnlichkeit mit dem Stromlaufplan. Wegen der besseren Darstellung auf einem Bildschirm sind die Stromwege waagrecht und nicht senkrecht angeordnet (Bild 6.12). Es werden folgende Symbole verwendet:

—] [— Kontakt oder Schließer

—]/[— negierter Kontakt oder Öffner

—( )— Ausgang oder Zuweisung

Die SPS kann nur zwischen den Signalzuständen 0 und 1 unterscheiden, nicht aber zwischen Öffner und Schließer. Eine Gegenüberstellung zwischen Signalgeber, Signalzustand und Darstellungen im KOP, FUP und in der AWL zeigt die Tabelle 6.2.

Ist der Signalgeber ein betätigter Schließer oder ein nicht betätigter Öffner, so steht am Ausgang der Signalzustand 1 an. Die entsprechenden Schaltfunktionen werden ohne Negation dargestellt und programmiert.

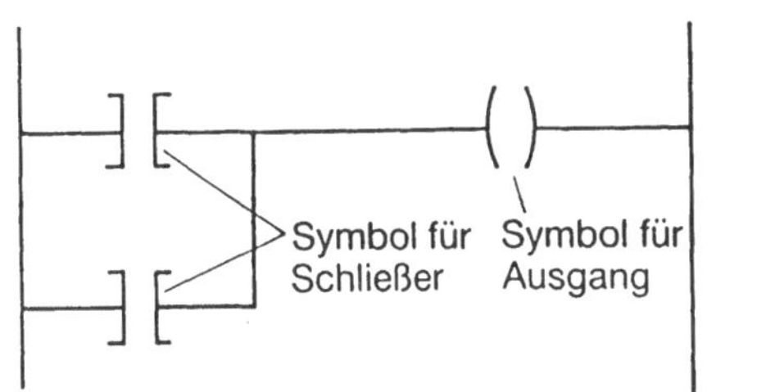

Bild 6.12
Kontaktplan (KOP)

Tabelle 6.2 Gegenüberstellung von Signalgeber und Signalzustand und die Darstellung im Kontaktplan, Funktionsplan und in der Anweisungsliste

Signalgeber	Schließer unbetätigt	Schließer betätigt	Öffner unbetätigt	Öffner betätigt
Kontaktplan-darstellung	—]/[—	—] [—	—] [—	—]/[—
Funktionsplan-darstellung				
Darstellung in Anweisungsliste	UN ON	U O	U O	UN ON
Signalzustand	0	1	1	0

Ist der Signalgeber ein nicht betätigter Schließer oder ein betätigter Öffner, so steht am Eingang des Automatisierungsgerätes der Signalzustand 0 an. Die entsprechenden Schaltfunktionen werden mit Negation dargestellt und programmiert.

Die Darstellung einer Steuerung im KOP ist dann nicht mehr sinnvoll, wenn im Steuerungsprogramm Speicher, Zähler usw. enthalten sind.

6.2.4 Bearbeitung einer Steuerungsaufgabe

Die Bearbeitung einer Steuerungsaufgabe erfolgt am besten in einzelnen Schritten.

Schritt 1

Man entwickelt anhand der Aufgabenstellung ein Technologieschema (Bild 6.13) und kennzeichnet die Geber und die Stellglieder.

Schritt 2

Die Augabe wird verbal beschrieben. Beispielweise zum Technologieschema, Bild 6.13, wie folgt:

> Mit dem Taster E1 soll die Bohrspindel eingeschaltet werden und gleichzeitig der Bohrkopf nach unten ausfahren. Ist der Bohrvorgang beendet, der Bohrkopf also in unterer Endstellung, soll der Bohrkopf zurückfahren und die Bohrspindel mit E4 abgeschaltet werden. Ausgeschaltet wird mit dem Taster E2.

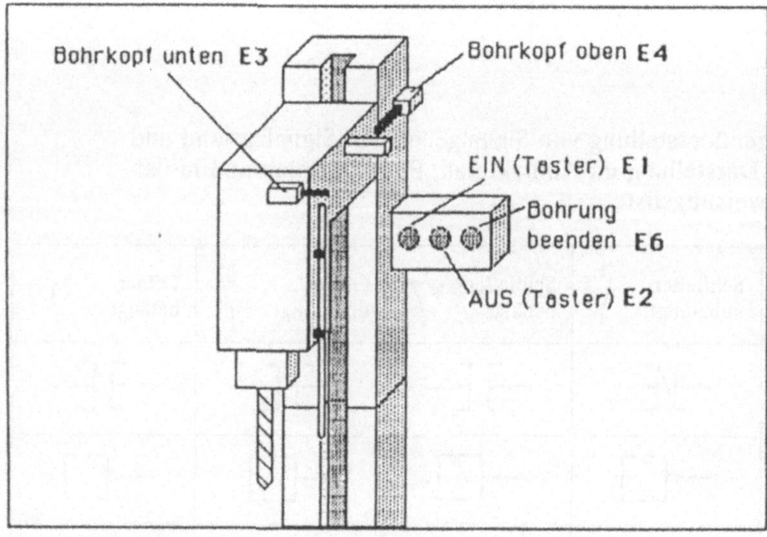

Bild 6.13 Beispiel eines Technologieschemas

Schritt 3

Aus dem Technologieschema wird der Hydraulik- oder Pneumatikschaltplan entwickelt und gezeichnet. Außerdem werden Art und Anzahl der Geber und Stellglieder aufgelistet und die Zuordnung zwischen den Ein- und Ausgängen der Steuerung in der Zuordnungsliste festgelegt (Tab 6.3).

Schritt 4

Anhand der Zuordnungsliste und der Steuerungsbeschreibung bzw. dem Technologieschema wird die SPS-Hardware ausgewählt. Dabei müssen folgende Einflußgrößen berücksichtigt werden:

1. Signalgeber — Art, Anzahl, Spannung, Leistungsaufnahme aller Geber, Leitungslänge, Schutz und Querschnitte
2. Stellgeräte — Art, Anzahl, Spannung, Leistungsaufnahme aller Stellgeräte, Leitungslänge, Schutz und Querschnitte
3. Zentralgerät/Erweiterung — Anzahl der Anweisungen, Erweiterungsmodule (Zeiten, Zähler, A/D-Wandler usw.), Zykluszeit, Reaktionszeit, Spannung, Leitungslänge für Signaltransfer
4. Stromversorgung — Netzgerät, Batterie, Betriebsspannung, Restwelligkeit und Stromaufnahme
5. Aufbau — Umgebungsbedingungen, (Temperatur, Luftfeuchtigkeit usw.), Schutzmaßnahmen, -art

Schritt 5

Erstellung der für die Programmierung notwendigen Pläne wie FUP, KOP und AWL und Programmieren der SPS.

Tabelle 6.3 Zuordnungsliste einer SPS

	Bezeichnung	Eingänge SPS	Symbolische Operanden
Geber	EIN (Taster) AUS (Taster) Bohrkopf unten Bohrkopf oben Spannzange zu Bohrung beenden	E1 E2 E3 E4 E5 E6	S 10.1 S 10.2 S 10.3 S 10.4 S 10.5 S 10.6
		Ausgänge SPS	
Stellglieder	Motor-Bohrkopf auf Motor-Bohrkopf ab Wegeventilmagnet	A1 A2 A3	M 1.1 M 1.2 Y 10a

6.3 Beispiele pneumatischer und hydraulischer Steuerungen mit SPS

Die folgenden Beispiele wurden für eine Kleinsteuerung der Fa. Eberle, Nürnberg, Typ PLS 509-S, programmiert. Die technischen Daten dieser SPS sind in der Tabelle 6.4 zusammengefaßt. Ein Programm für die PLS 509-S kann aus wenigen Befehlen aufgebaut werden, die weitgehend auf englischen Begriffen aufgebaut sind (Tab. 6.5). An zunächst einfachen Beispielen wird die Systematik der Bearbeitung einer Steuerungsaufgabe für SPS in Verbindung mit pneumatischen und hydraulischen Antrieben erläutert.

Tabelle 6.4 Technische Daten der Kleinsteuerung TYP PLS 509-S (Hersteller Fa. Eberle)

Technische Daten	
Abmessungen	Europakarte 8TE (100 × 160 × 40 mm)
Anschlußsteckerleiste	64polig nach DIN 41612/C
Betriebsspannung	24 VDC ± 20 % Restwelligkeit ≤ 5 %
Luftfeuchtigkeit	95 % ohne Betauung
Umgebungstemperatur	0 bis 50 °C
Betriebszustände	Run (Programm wird bearbeitet) Stop (Programm wird nicht bearbeitet)
Stromaufnahme	rd. 300 mA plus Ausgangsbelastung max. 6 A bei 100 % ED
Speicherkapazität	max. 800 Anweisungen
Speichertyp	RAM, batteriegepuffert: Speicher zum Eingeben und Anzeigen von Anweisungen; verliert bei Spannungsausfall den Speicherinhalt, wenn nicht gepuffert; deshalb hier Batteriepufferung für typisch 5 Jahre (1 Jahr mindestens); Lithiumbatterie (3,4 V) ohne Verlust des Speicherinhalts wechselbar
Zykluszeit	25 ms für 800 Anweisungen
Reaktionszeit	2 ms durch Datenaustauschbefehl DA
Eingänge	16 Eingänge; 24 V DC, rd. 3 mA
Ausgänge	16 Ausgänge; davon 8 Ausgänge mit 0,4 A und 8 Ausgänge mit 1 A belastbar. Alle Ausgänge kurzschlußfest
Ein-/Ausgänge	4 Ein-/Ausgänge; einzeln wählbar als E oder A (0,4 A)
Merker	88 anwählbar; davon 64 Haftmerker; 8 Systemmerker (nicht verwendbar)
Zeitstufen (Timer)	4 analoge Zeitstufen (T0 – T3); 2 davon einstellbar im Bereich 0,2 bis 6 s und 2 einstellbar im Bereich 1,5 bis 60 s, auch über Fernpotentiometer. 4 digitale Zeitstufen (T4 … T7)
Zähler	8 Zähler mit Zählbereich 0 … 999
Schrittzähler	4 Schrittzähler mit je 16 Schritten
Zeitbasen	4 Zeitbasen im Bereich 0,01 s/0,1 s/10 s
Zwischenspeicher	1 ZS (beliebig oft verwendbar)
Mikroprozessor	Typ 8031
Eingangszeitkonstante	bei 16 E: 2 ms; bei 4 EA: 0,2 ms
Die Ausgänge 00 bis 07 dürfen max. mit 0,4 A, die Ausgänge 10 bis 17 max. mit 1 A belastet werden. Überlast ist nicht erlaubt.	
Funktionskleinspannung nach VDE 0113	

Tabelle 6.5 Programmierbefehle für die Steuerung PLS 509-S

Befehl englisch (deutsch) Taste am PG	Funktion	Symbol für Stromlaufplan	Symbol für Funktionsplan	Anweisungen
LOAD (LADE) (L)	Beginn eines Strompfades	E1	E1	L E1
AND (UND) (A)	Reihenschaltung (UND-Funktion)	E1 E2	E1 E2 &	L E1 A E2
OR (ODER) (O)	Parallelschaltung (ODER-Funktion)	E1 E2	E1 E2 ≥1	L E1 O E2
IST GLEICH (=)	Zuweisung	A1	A1	= A1
NOT (NICHT) (N)	Funktionsumkehr (Negation, Invertierung) wird zusammen mit den Befehlen L, A, O, = verwendet	E1	E1	LN E1 AN, ON, =N
	oder alleine ohne Befehlsadresse Umkehrung des Verknüpfungsergebnisses			N
EXKLUSIV OR (EXKLUSIV ODER) (XO)	Stromfluß nur dann, wenn E1 umgekehrten Schaltzustand wie E2 hat	E2 E2 E1 E1	E1 E2 =1	L E1 XO E2
SET (SETZEN) (S)	Selbsthaltung auslösen	E1 A1	E1 A1	L E1 S A1
RESET (RÜCKSETZEN) (R)	Selbsthaltung wieder aufheben	E2 A1	E2 A1	L E2 R A1
PULS (IMPULS) (P)	Wischrelais Impulsbildung für die Dauer einer Zykluszeit (-> P)	E1	E1 A1	L E1 P M1 = A1 (M -> Merker)

(Tabelle 6.5 Fortsetzung)

Befehl-Tasten am Programmiergerät	Funktion	Anweisung
HALT Shift H ( )-(–)	Anhalten einer Zeitstufe (T4 ... T7)	H T ...
ZÄHLE VORWÄRTS Shift ZV ( )-(A)	Vorwärts zählen (Zähler Z ... oder Schrittzähler SZ ...)	ZV Z ... oder ZV SZ
ZÄHLE RÜCKWÄRTS Shift ZR ( )-(0)	Rückwärts zählen (Zähler Z ... oder Schrittzähler SZ ...)	ZR Z ... oder ZR SZ ...
K (Pseudobefehl)	Es handelt sich um eine Konstante, bei der man den Wert eines Zählerstandes, einer Zeitbasis oder einer Digitalzeit eingeben muß	K
DATENAUSTAUSCH (DA)	Die Reaktionszeit der Steuerung auf das Eintreffen kritischer Eingangssignale wird verkürzt (-> Datenaustausch)	D A
NO OPERATION (LEERSTELLE) (NOP)	Damit wird ein Platz im Programmspeicher freigehalten (z.B. für spätere Ergänzungen)	NOP
PROGRAMMENDE (PE)	Nach diesem Befehl werden die weiteren Stellen im Programm nicht bearbeitet (= Verkürzung der Zykluszeit)	PE

Beispiel 1: Spannzylinder

Während ein Tastschalter S10 (E10) betätigt wird, soll der Wegeventil-Magnet Y10a (A10) erregt werden. Die Kolbenstange des Zylinders fährt aus - das Werkstück wird gespannt.

Wird der Tastschalter S10 (E10) wieder losgelassen, wird der Magnet Y10a (A10) stromlos und das Wegeventil durch Federrückstellung in die Grundstellung umgesteuert. Die Kolbenstange des Zylinders fährt ein - das Werkstück wird entspannt.

Lageplan:

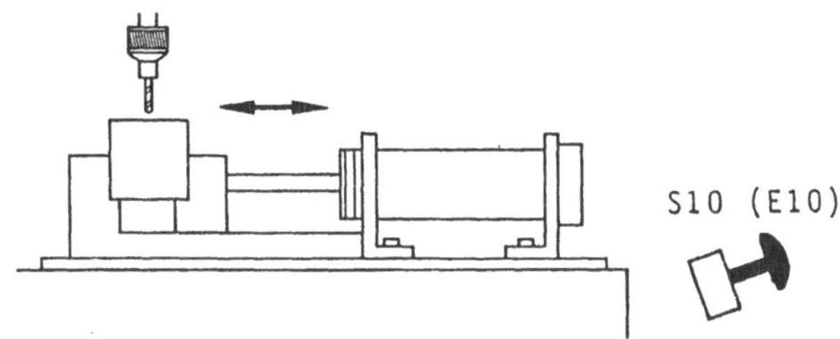

ZOL: S10 = E 10 = TASTSCHALTER - START
Y10a = A 10 = 4/2 WEGEVENTIL - MAGNET

Anmerkung: ZOL = Zuordnungsliste (Belegungsplan)
KOP = Kontaktplan
FUP = Funktionsplan
AWL = Anweisungsliste

Hydraulik - Plan:

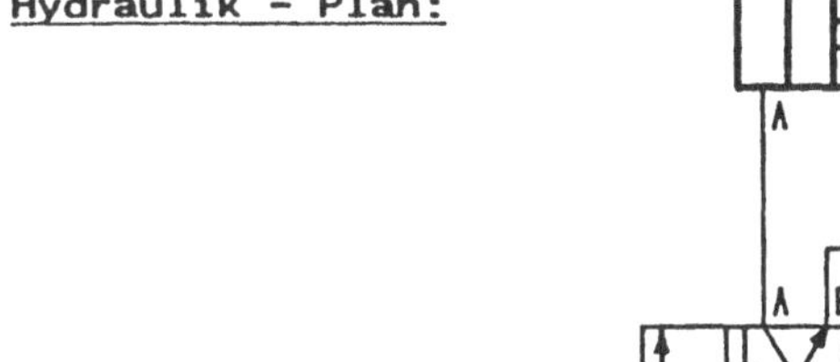

KOP:

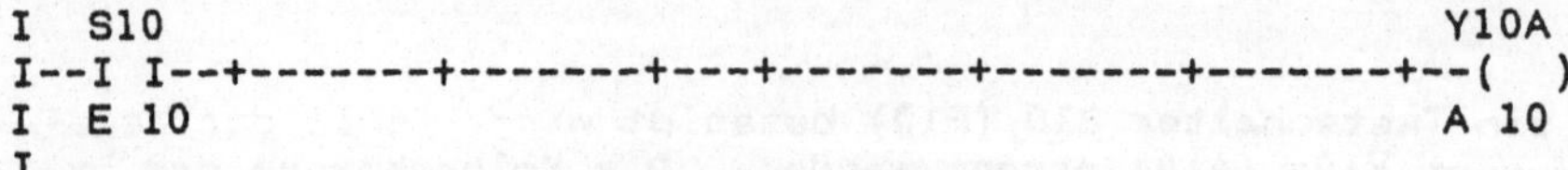

```
I  S10                                                                Y10A
I--I I--+-------+-------+---+-------+-------+-------+--(   )
I  E 10                                                               A 10
I
```

FUP:

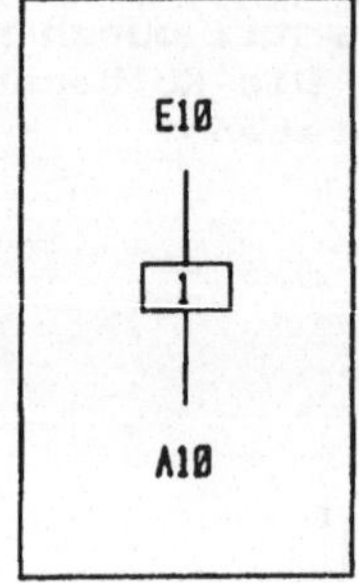

AWL:

Programm	Befehl	Bef.Adresse
Adresse	Anweisung	

```
1 000000 L     E  10     #S10          TASTSCHALTER - START
2 000001 =     A  10     #Y10a         4/2 WEGEVENTIL-MAGNET
3 000002 PE
```

Beispiel 2: Einpreßvorrichtung

Nach kurzer Betätigung eines Tastschalters S10 (E10) soll der Wegeventil-Magnet Y10a (A10) "speichernd " erregt werden. Die Kolbenstange des Einpresszylinders fährt aus.

Bei Erreichen des Grenztasters S2 (E2) wird der Magnet Y10a (A10) stromlos und das Wegeventil durch Federrückstellung in die Grundstellung umgesteuert. Der Kolben des Einpresszylinders fährt ein.

Lageplan:

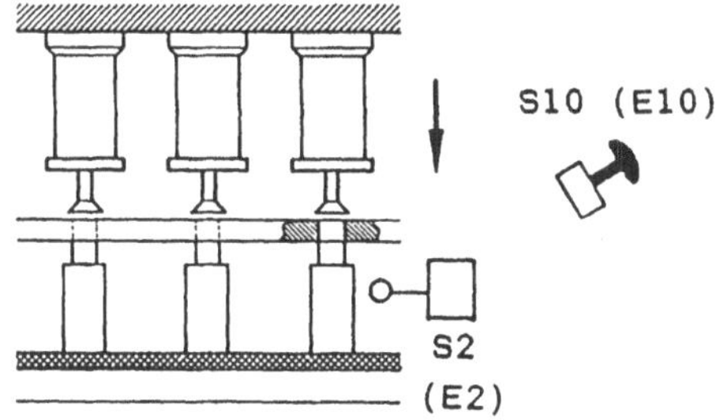

ZOL:

S 10	=	E 10	=	TASTSCHALTER - START
S 2	=	E 2	=	GRENZTASTER -ZYL.AUSGEFAHREN
Y 10a	=	A 10	=	4/2 WEGEVENTIL - MAGNET

Hydraulik - Plan:

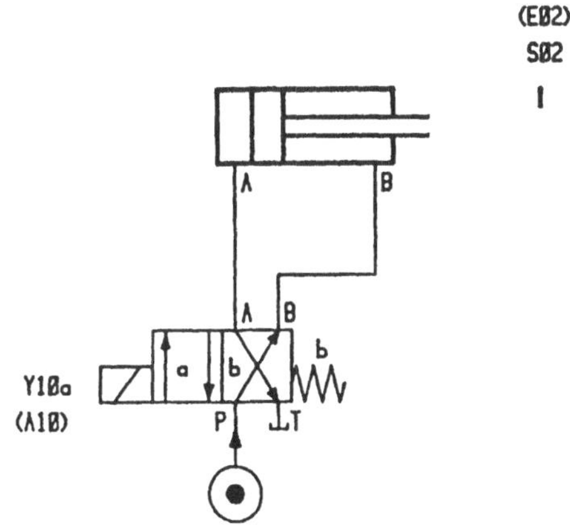

KOP:

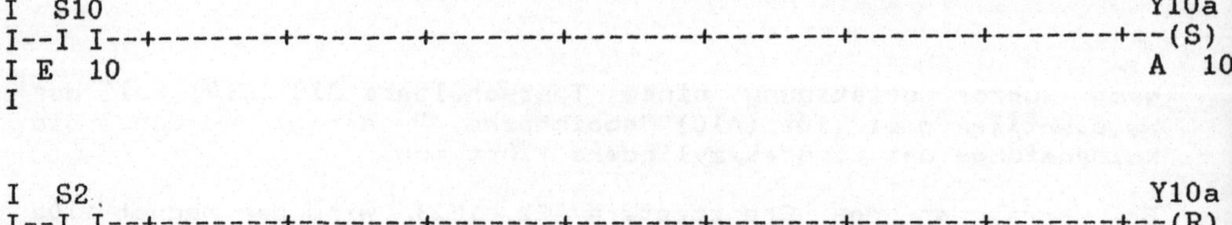

```
I  S10                                                                      Y10a
I--I I--+-------+-------+-------+-------+-------+-------+-------+--(S)
I E  10                                                                     A  10
I

I  S2                                                                       Y10a
I--I I--+-------+-------+-------+-------+-------+-------+-------+--(R)
I E  2                                                                      A  10
I
```

FUP:

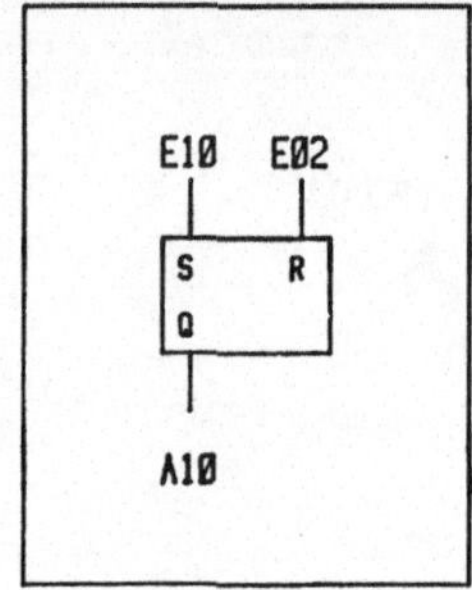

AWL:

Programm Adresse	Befehl	Bef.Adresse		
	Anweisung			
1 000000	L	E 10	#S10	TASTSCHALTER START
2 000001	S	A 10	#Y10a	4/2 WEGEVENTIL-MAGNET
3 000002	L	E 2	#S2	GRENZTASTER-ZYL.AUSGEFAHREN
4 000003	R	A 10	#Y10a	4/2 WEGEVENTIL-MAGNET
5 000004	PE			

Beispiel 3: Stanzvorrichtung

Eine Stanzvorrichtung soll nur dann arbeiten, wenn beide Tastschalter S10 und S11 (E10 und E11) kurz gemeinsam betätigt werden. Der Wegeventil-Magnet Y10a(A 10) wird erregt und soll in "elektrische Selbsthaltung" gehen.

Die Kolbenstange des Zylinders fährt aus - die Stanzvorrichtung schließt.

Nach kurzer Betätigung des Tastschalters S12 (E12) wird die "elektrische Selbsthaltung" für den Wegeventil-Magneten Y10a (A10) unterbrochen und das Wegeventil durch Federrückstellung in die Grundstellung umgesteuert. Die Kolbenstange des Zylinders fährt wieder ein - die Stanzvorrichtung öffnet sich.

Lageplan:

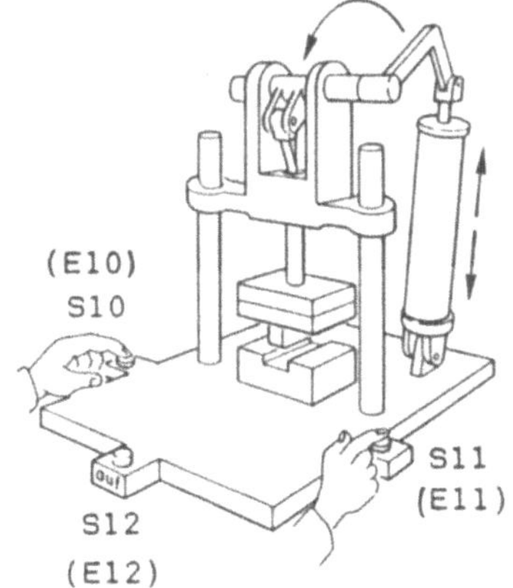

ZOL: S10 = E 10 = TASTSCHALTER HAND 1 START
S11 = E 11 = TASTSCHALTER HAND 2 START
Y10a = A 10 = 4/2 WEGEVENTIL-MAGNET
S12 = E 12 = TASTSCHALTER STOP/ZURÜCK

Hydraulik - Plan:

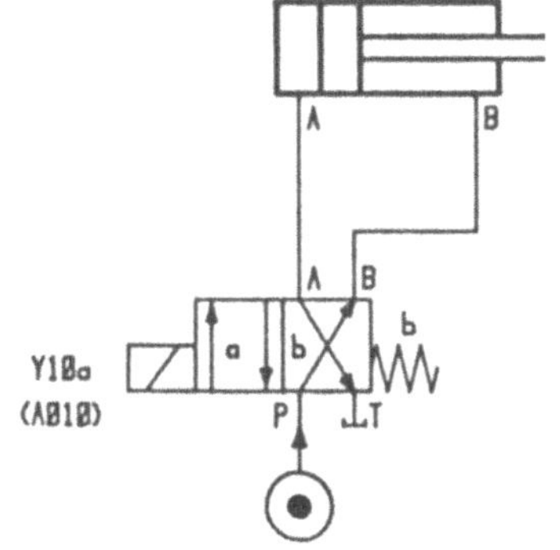

KOP:

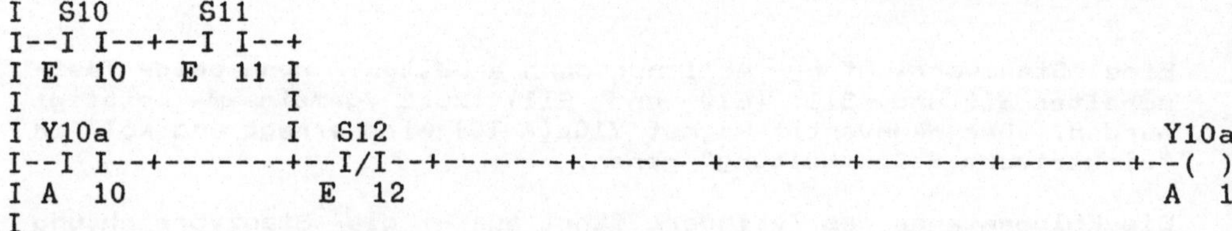

```
I  S10      S11
I--I I--+--I I--+
I E  10  E  11 I
I              I
I Y10a         I  S12                                                    Y10a
I--I I--+-------+--I/I--+-------+-------+-------+-------+-------+--( )
I A  10            E  12                                                   A  1
I
```

FUP:

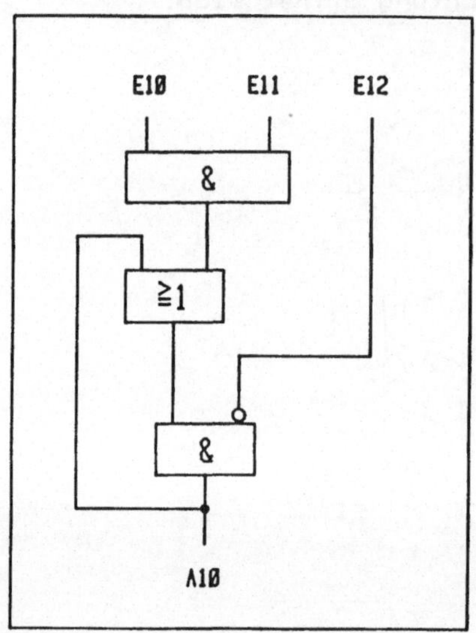

AWL:

Programm Adresse	Befehl	Bef.Adresse			
	Anweisung				
1 000000	L	E	10	#S10	TASTSCHALTER HAND 1 START
2 000001	A	E	11	#S11	TASTSCHALTER HAND 2 START
3 000002	O	A	10	#Y10a	4/2 WEGEVENTIL-MAGNET
4 000003	AN	E	12	#S12	TASTSCHALTER STOP/ZURÜCK
5 000004	=	A	10	#Y10a	4/2 WEGEVENTIL-MAGNET
6 000005	PE				

Beispiel 4: Türöffner

Nach kurzer Betätigung eines Tastschalters S10 (E10) soll der Wegeventil-Magnet Y10a (A10) erregt werden und in "elektrische Selbsthaltung" gehen. Die Kolbenstange des Zylinders fährt aus - die Türe öffnet sich.

Nach Betätigung des Tastschalters S11 (E11) wird die "elektrische Selbsthaltung" für den Wegeventil-Magnet Y10a (A10) unterbrochen und das Wegeventil durch Federrückstellung in die Grundstellung umgesteuert. Die Kolbenstange des Zylinders fährt wieder ein - die Türe wird geschlossen.

Lageplan:

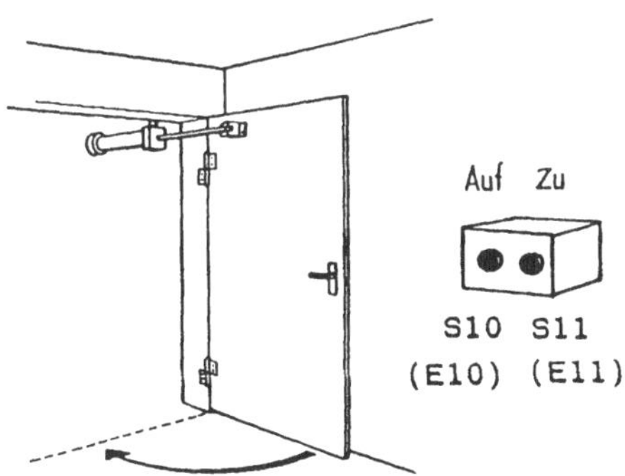

ZOL: S 10 = E 10 = TASTSCHALTER START
Y 10a = A 10 = 4/2 WEGEVENTIL - MAGNET
S 11 = E 11 = TASTSCHALTER - STOP/ZURÜCK

Hydraulik - Plan:

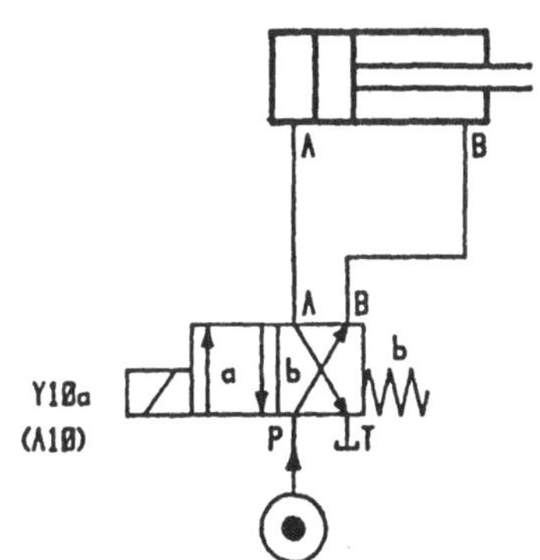

KOP:

```
I  S10
I--I I--+
I E  10 I
I       I
I Y10A  I  S11                                                             Y10A
I--I I--+--I/I--+-------+-------+-------+-------+-------+-------+--( )
I A  10    E  11                                                           A  10
I
```

FUP:

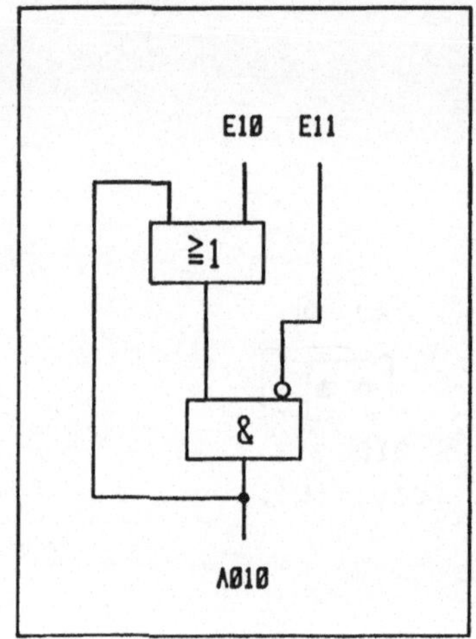

AWL:

Programm Adresse	Befehl	Bef.Adresse		
1 000000	L	E 10	#S10	TASTSCHALTER START
2 000001	O	A 10	#Y10A	4/2 WEGEVENTIL-MAGNET
3 000002	AN	E 11	#S11	TASTSCHALTER-STOP/ZURÜCK
4 000003	=	A 10	#Y10A	4/2 WEGEVENTIL-MAGNET
5 000004	PE			

Beispiel 5: Bohrmaschine

An einer Bohrmaschine soll durch kurze Betätigung eines Handtasters S10 (E10) o d e r Fußtasters S11 (E11) der Wegeventil-Magnet Y10a (A10) erregt werden und in "elektrische Selbsthaltung" gehen.

Die Kolbenstange des Zylinders fährt aus - Werkstück wird zugeführt.

Nach Erreichen des Grenztasters S3 (E3) wird die "elektrische Selbsthaltung" für den Wegeventil-Magneten Y10a (A10) unterbrochen und das Wegeventil durch Federrückstellung in die Grundstellung umgesteuert. Die Kolbenstange des Zylinders fährt wieder ein - der Zuführzylinder kehrt in die Ausgangsstellung zurück.

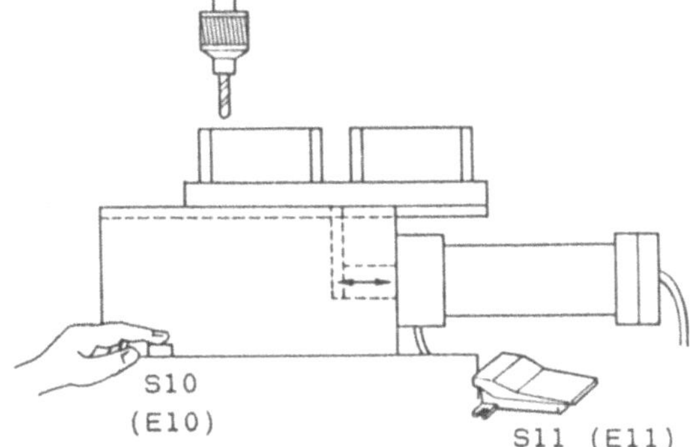

ZOL:

S10 = E 10 = TASTSCHALTER HAND START
S11 = E 11 = TASTSCHALTER FUSS START
Y10a = A 10 = 4/2 WEGEVENTIL-MAGNET
S3 = E 3 = GRENZTASTER ZYL.AUSGEFAHREN

Hydraulik - Plan:

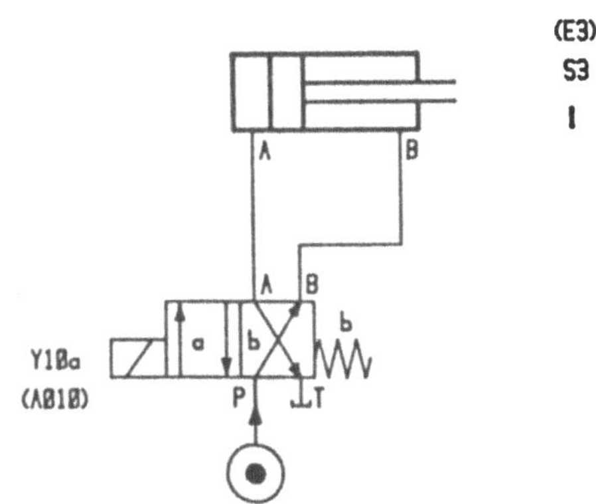

KOP:

```
I  S10
I--I I--+
I E  10 I
I       I
I  S11  I
I--I I--+
I E  11 I
I       I
I Y10a  I  S3                                                        Y10a
I--I I--+--I/I--+-------+-------+-------+-------+-------+-------+--( )
I A  10   E  3                                                       A  10
I
```

FUP:

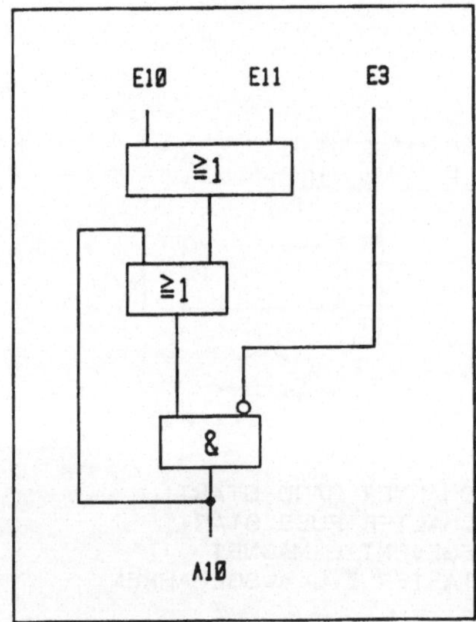

AWL:

Programm Adresse	Befehl	Bef.Adresse
	Anweisung	

```
1 000000 L      E  10   #S10      TASTSCHALTER HAND START
2 000001 O      E  11   #S11      TASTSCHALTER FUSS START
3 000002 O      A  10   #Y10a     4/2 WEGEVENTIL-MAGNET
4 000003 AN     E  3    #S3       GRENZTASTER ZYL.AUSGEFAHREN
5 000004 =      A  10   #Y10a     4/2 WEGEVENTIL-MAGNET
6 000005 PE
```

Beispiel 6: Honmaschine

Die Kolbenstange einer Honeinheit soll nach kurzer Betätigung des Tastschalters S10 (E10) ausfahren (elektrische Selbsthaltung am Wegeventil-Magnet Y10a/A10). Nach Erreichen des Grenztasters S2 (E2) soll eine Zeitverzögerung für den Rückhub von t = 3 s (T 0) aktiviert werden.

Nach Ablauf der eingestellten Zeit soll die Selbsthaltung des Magnetausgangs Y10a (A10) unterbrochen werden und das Wegeventil durch Federrückstellung umgesteuert werden. Die Kolbenstange des Zylinders fährt ein - die Honeinheit kehrt in die Grundstellung zurück.

Ebenso ist ein "STOP-Zurück" über Tastschalter S11 (E11) ohne Zeitverzögerung im Betrieb vorzusehen.

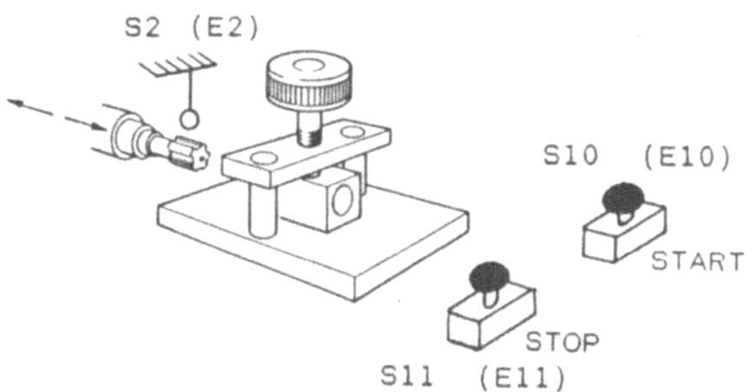

ZOL:

S10	= E 10	= TASTSCHALTER-START
Y10a	= A 10	= 4/2 WEGEVENTIL-MAGNET
S11	= E 11	= TASTSCHALTER-STOP/ZURÜCK
S2	= E 2	= GRENZTASTER ZYL. AUSGEFAHREN
ZEIT	= T 0	= ZEITVERZ. EINFAHREN

Hydraulik - Plan:

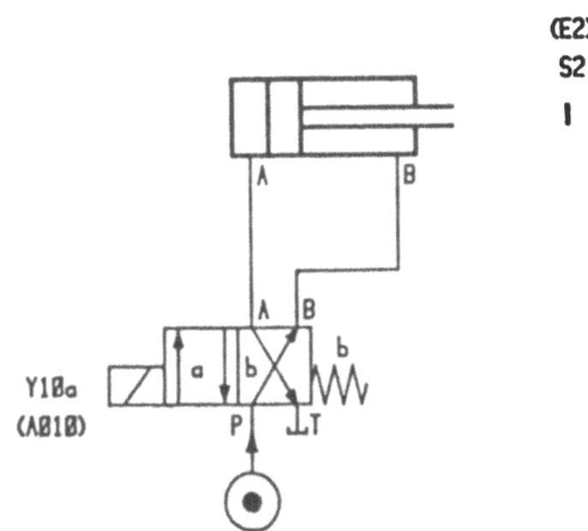

KOP:

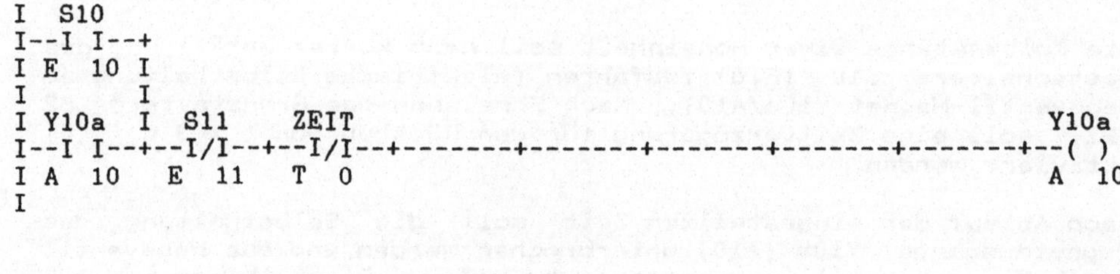

```
I  S10
I--I I--+
I E  10 I
I       I
I Y10a  I  S11      ZEIT                                                      Y10a
I--I I--+--I/I--+--I/I--+-------+-------+-------+-------+-------+-------+--( )
I A  10     E  11     T  0                                                      A  10
I
```

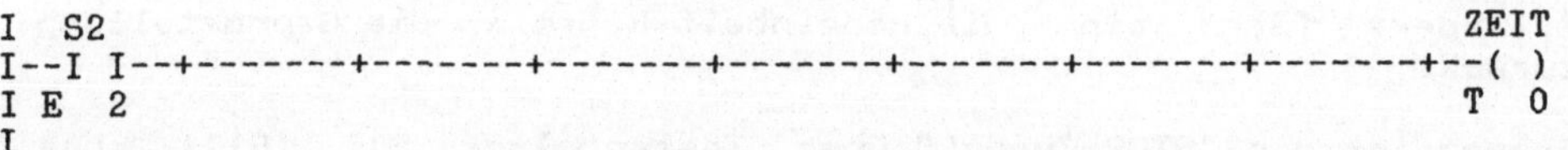

```
I  S2                                                                              ZEIT
I--I I--+-------+-------+-------+-------+-------+-------+-------+-------+--( )
I E  2                                                                             T  0
I
```

FUP:

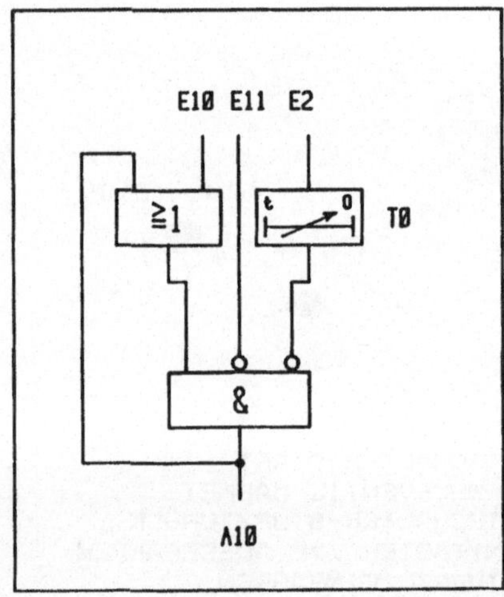

AWL:

Programm	Befehl	Bef.Adresse
Adresse	Anweisung	

```
000000 L    E  10     #S10      TASTSCHALTER-START
000001 O    A  10     #Y10a     4/2 WEGEVENTIL-MAGNET
000002 AN   E  11     #S11      TASTSCHALTER-STOP/ZURÜCK
000003 AN   T  0      #ZEIT     ZEITVERZ. EINFAHREN
000004 =    A  10     #Y10a     4/2 WEGEVENTIL-MAGNET
000005 NOP
000006 L    E  2      #S2       GRENZTASTER ZYL.AUSGEFAHREN
000007 =    T  0      #ZEIT     ZEITVERZ. EINFAHREN
000010 PE
```

Beispiel 7: Rundtakt

Nach Umlegen eines Wahlschalters S13 (E13) soll die Kolbenstange des "Taktzylinders" gesteuert über ein 4/2 Wegeventil (Y10a/A 10) mit Federrückstellung 8 x ein- und ausfahren. Nach dem 8.Takt soll eine Kontrollampe H0 (A0) aufleuchten und die Kolbenstange eingefahren bleiben.
Ein Neustart ist nur nach erneutem Wiedereinschalten von S13 (E13) möglich.

Lageplan:

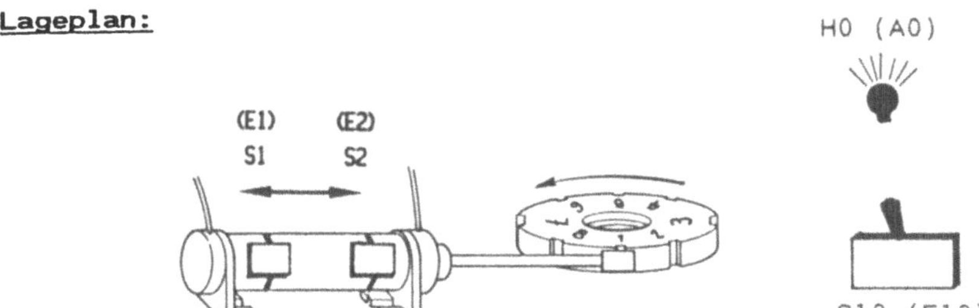

ZOL:			
	S13	= E 13	= WAHLSCHALTER START/RÜCKSETZEN
	S1	= E 1	= GRENZTASTER ZYL. EINGEFAHREN
	S2	= E 2	= GRENZTASTER ZYL. AUSGEFAHREN
	Y10a	= A 10	= 4/2 WEGEVENTIL-MAGNET
	H0	= A 0	= MELDELEUCHTE RUNDTAKT BEENDET

Hydraulik - Plan:

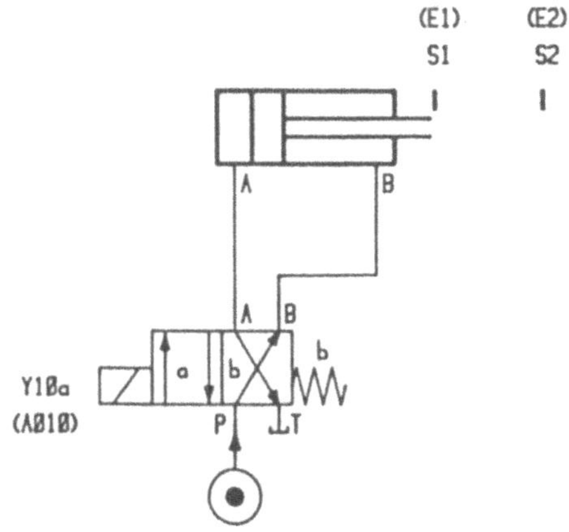

KOP:

S13
S1
E 13
E 1
Y10a
H0
S2
Y10a
A 10
A 0
E 2
A 10
S1
E 1
Z 0
H0
(S)
Z 0
A 0
S13
E 13
(R)
Z 0
H0
(R)
A 0

FUP:

E13
E1
E13
E1
Z0
E13
&
CI
≧1
8
1D
1D
1D
1D
E2
A0
.. CT = 0
&
S
R
Q
A10
A0

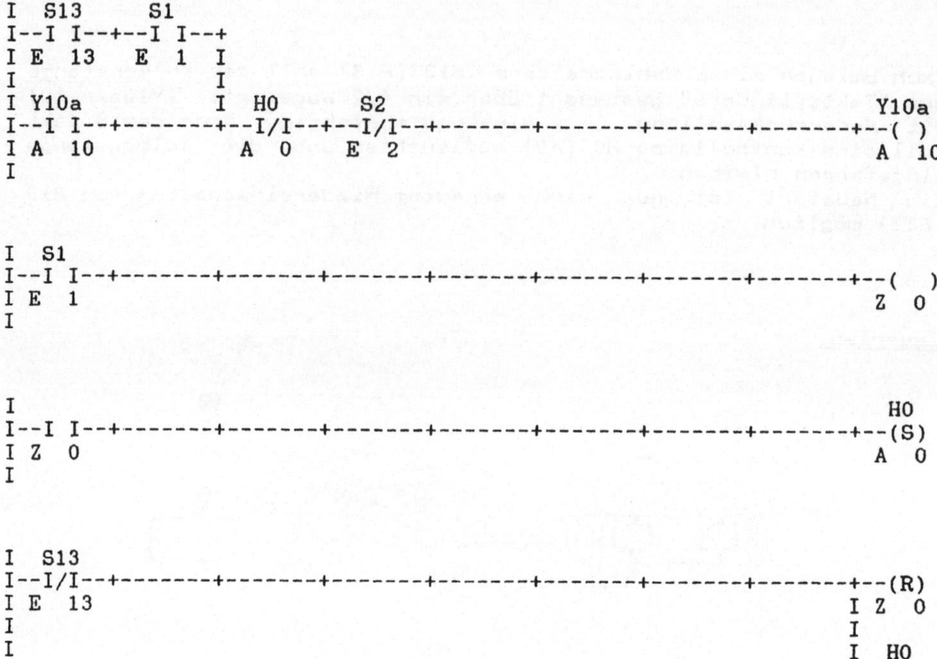

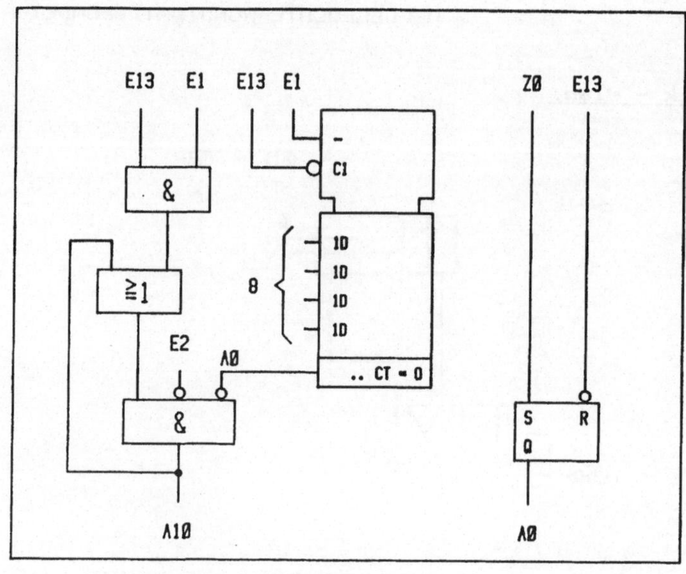

Beispiel 8: Fräsmaschine

Nach Voreinstellung von S10 (E10) Taster = Automatik/Raster = Dauerlauf und Grundstellung der beiden Zylinder über Betätigung der Grenztaster S3 (E3) und S5 (E5) wird zuerst der Ventilmagnet Y1a (A10) speichernd gesetzt (Druckaufbau) und zeitverzögert t = 1 s (T 0) Y2a (A12) speichernd gesetzt. Der Spannzylinder schließt. Ist S4 (E4) betätigt (Spannvorrichtung ist geschlossen) und der notwendige Spanndruck S0 (E0) vorhanden, werden Y4b (A14) und Y5a (A15) speichernd gesetzt. Der Arbeitszylinder fährt im Eilgang aus. Bei Erreichen des Grenztasters S6 (E6) wird Y 5a (A15) rückgesetzt. Der Arbeitsvorschub ist eingesteuert.

Bei Erreichen von S7 (E7) wird der Ventilmagnet Y4b (A14) rückgesetzt und die Zeitverzögerung t = 3 s (T 1) für den Rückhub beginnt anzulaufen. Nach Ablauf der Verzögerungszeit wird Y6a (A16) speichernd gesetzt. Der Eilrücklauf ist eingesteuert.

Wird der Grenztaster S5 (E5) erreicht (Arbeitszylinder ist eingefahren), wird der Ventilmagnet Y6a (A16) rückgesetzt und Y3b (A13) gesetzt. Die Spannvorrichtung öffnet sich.

Wird der Grenztaster S3 (E3) erreicht (Spannvorrichtung ist geöffnet) und S10 nicht betätigt (Automatik), beginnt die Verzögerungszeit t = 5 s (T 2) für das Druckventil anzulaufen.

Ist die Zeit abgelaufen, wird Y1a (A10) rückgesetzt (druckloser Umlauf).

Wird während des Bewegungsablaufs der Tastschalter S11 (E11) "Stop-Zurück" betätigt, muß zuerst der Bearbeitungszylinder und anschließend der Spannzylinder einfahren.

Lageplan:

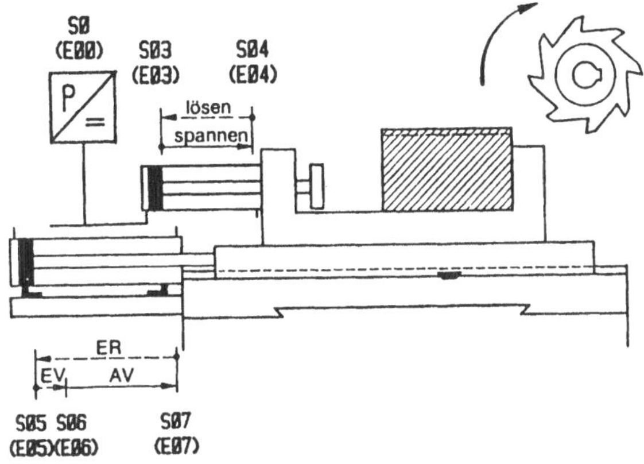

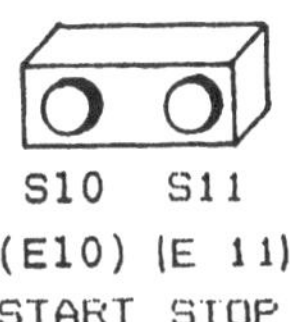

<u>ZOL:</u>

```
S0     = E 0  = DRUCKSCHALTER SPANNDRUCK VORHANDEN
S10    = E 10 = TASTSCHALTER-START/AUTOMATIK
S11    = E 11 = TASTSCHALTER-STOP ZURÜCK
S3     = E 3  = GRENZTASTER SPANNZYLINDER EINGEFAHREN
S4     = E 4  = GRENZTASTER SPANNZYLINDER AUSGEFAHREN
S5     = E 5  = GRENZTASTER ARBEITSZYL EINGEFAHREN
S6     = E 6  = GRENZTASTER ARBEITSVORSCHUB START
S7     = E 7  = GRENZTASTER ARBEITSZYLINDER AUSGEFAHREN
Y1a    = A 10 = DRUCKBEGRENZUNGSVENTILMAGNET X
Y2a    = A 12 = 4/2 WEGEVENTIL-MAGNET SPANNEN
Y3b    = A 13 = 4/2 WEGEVENTIL-MAGNET ENTSPANNEN
Y4b    = A 14 = 4/3 WEGEVENTIL-MAGNET ARBEITEN VOR
Y5a    = A 15 = 2/2 WEGEVENTIL-MAGNET EILGANG VOR
Y6a    = A 16 = 4/3 WEGEVENTIL-MAGNET EILGANG ZURÜCK
ZEIT0  = T 0  = ZEITVERZ.DRUCKAUFBAU X
ZEIT1  = T 1  = ZEITVERZ.ARBEITSZYL.ZURÜCK
ZEIT2  = T 2  = ZEITVERZ.DRUCKABBAU X
```

<u>Hydraulik - Plan:</u>

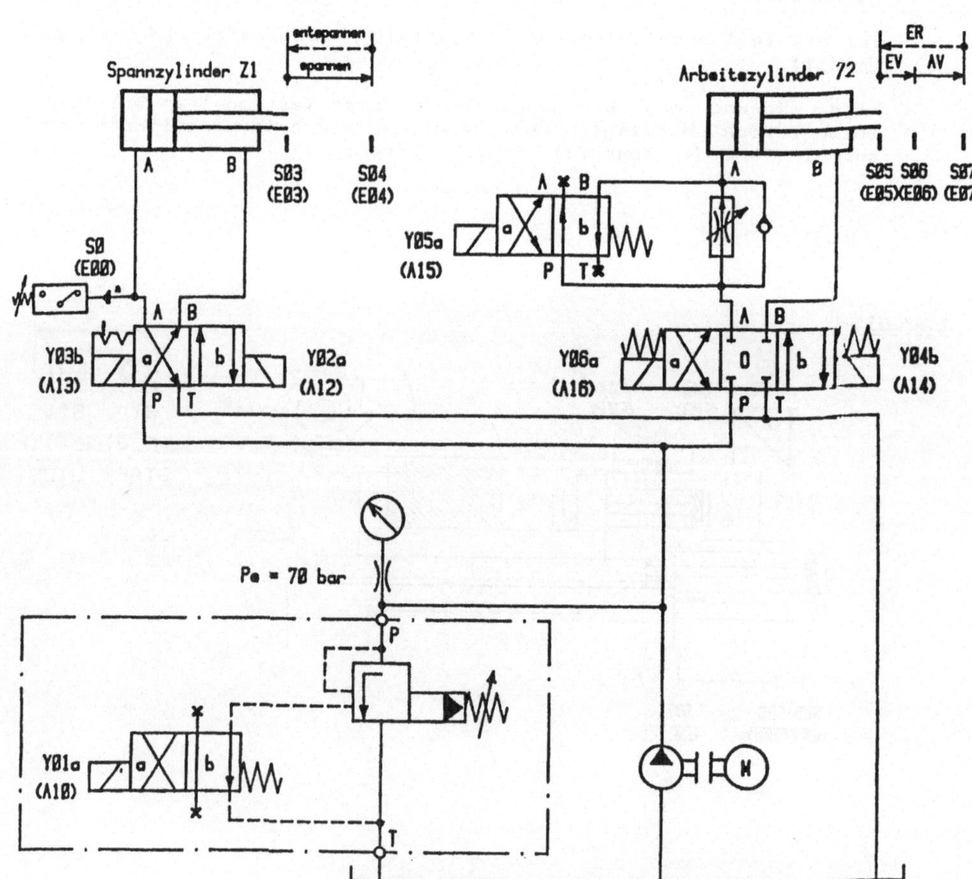

KOP:

```
I  S10      S3       S5       S11
I--I I--+--I I--+--I I--+--I/I--+-------+-------+-------+-------+--( )
I E  10   E  3    E  5    E  11                                  M  3
I

I                                                                 Y1a
I--I I--+-------+-------+-------+-------+-------+-------+-------+--(S)
I M  3                                                           I A  10
I                                                                I
I                                                                I ZEIT0
I                                                                +--( )
I                                                                  T  0
I


I ZEIT2
I--I I--+-------+-------+-------+-------+-------+-------+-------+--(R)
I T  2                                                           I M  0
I                                                                I
I                                                                I  Y1a
I                                                                +--(R)
I                                                                  A  10
I

I ZEIT0                                                     .     Y2a
I--I I--+-------+-------+-------+-------+-------+-------+-------+--( )
I T  0                                                           A  12
I
,

I  S5       S4       S0                                           Y4b
I--I I--+--I I--+--I I--+--I/I--+-------+-------+-------+-------+--(S)
I E  5    E  4    E  0    M  1                                   I A  14
I                                                                I
I                                                                I  Y5a
I                                                                +--(S)
I                                                                  A  15
I

I  S7
I--I I--+
I E  7  I
I       I
I  S11  I                                                         Y4b
I--I I--+-------+-------+-------+-------+-------+-------+-------+--(R)
I E  11                                                          A  14
I

I  S6       Y4b
I--I I--+--I I--+
I E  6    A  14 I
I               I
I  S11          I                                                 Y5a
I--I I--+-------+-------+-------+-------+-------+-------+-------+--(R)
I E  11                                                          A  15
I
```

```
I  S7                                                                  ZEIT1
I--I I--+-------+-------+-------+-------+-------+-------+-------+--( )
I E  7                                                               T  1
I

I ZEIT1
I--I I--+
I T  1  I
I       I
I  S11  I                                                               Y6a
I--I I--+-------+-------+-------+-------+-------+-------+-------+--(S)
I E  11                                                            I A  16
I                                                                  I
I                                                                  I
I                                                                  +--(S)
I                                                                    M  1
I

I  Y3b                                                                  Y6a
I--I I--+-------+-------+-------+-------+-------+-------+-------+--(R)
I A  13                                                              A  16
I

I  S3
I--I I--+-------+-------+-------+-------+-------+-------+-------+--(R)
I E  3                                                               M  1
I

I  S5       Y6a
I--I I--+--I I--+-------+-------+-------+-------+-------+-------+--(S)
I E  5    A  16                                                      M  2
I

I                                                                       Y3b
I--I I--+-------+-------+-------+-------+-------+-------+-------+--( )
I M  2                                                               A  13
I

I ZEIT2
I--I I--+
I T  2  I
I       I
I       I
I--I I--+-------+-------+-------+-------+-------+-------+-------+--(R)
I M  3                                                               M  2
I

I           S3                                                         ZEIT2
I--I I--+--I I--+-------+-------+-------+-------+-------+-------+--( )
I M  0    E  3                                                       T  2
I

I  S10     Y3b
I--I/I--+--I I--+-------+-------+-------+-------+-------+-------+--(S)
I E  10   A  13                                                      M  0
I
```

FUP:

E10 E3 E5 E11
&
M3
T2
R S
Q
A12
(Druckv.) (spannen)
M1 E5 E4 E0
&
E7 E11
≧1
E11
E6 A14
&
≧1
S R
Q
A14
(Vorschub)
S R
Q
A15
(Eilvorschub)

E11 E7
t 0
T1
≧1
A13
E3
S R
Q
S R
Q
A16
M1
(Eilruecklauf)
E5 A16 T2 M3
&
≧1
S R
Q
M2
A13
(entspannen)
M00 E3
&
E10 A13
t 0
T2
&
R S
Q
M0
(Anlage drucklos)

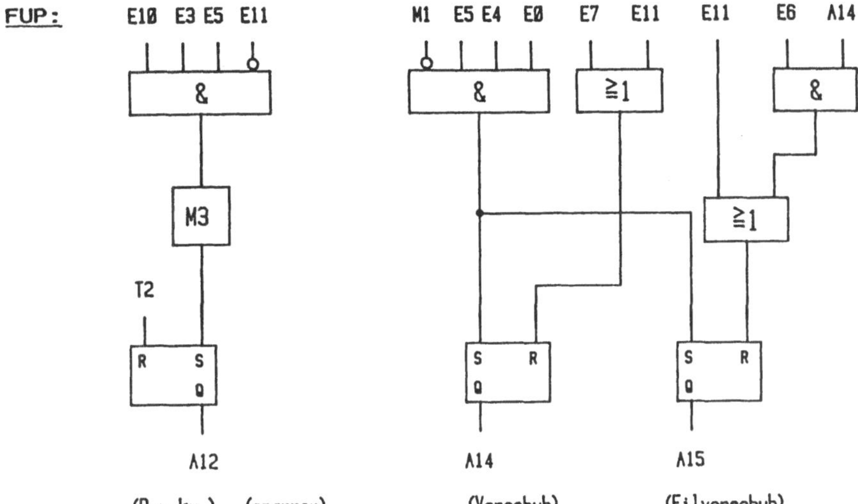

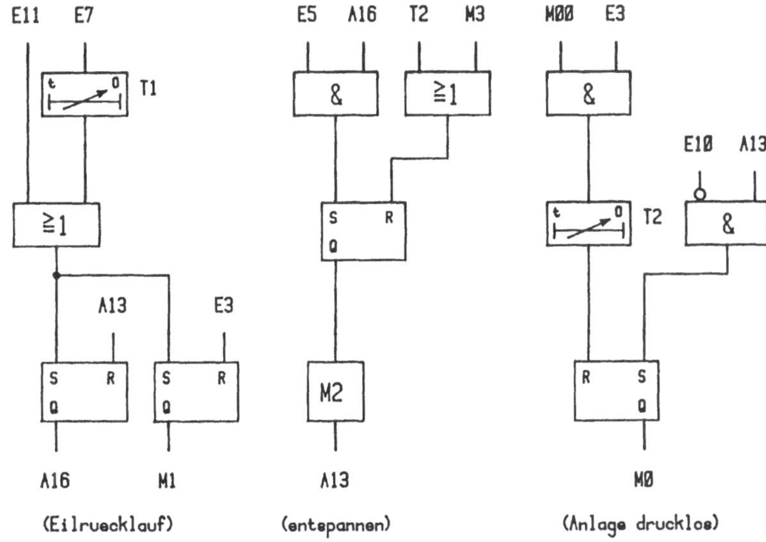

AWL:

```
000000 L   E 10    #S10      TASTSCHALTER-START/AUTOMATIK
000001 A   E 3     #S3       GRENZTASTER SPANNZYLINDER EIN
000002 A   E 5     #S5       GRENZTASTER ARBEITSZYL EINGEF
000003 AN  E 11    #S11      TASTSCHALTER-STOP ZURÜCK
000004 =   M 3
000005 L   M 3
000006 S   A 10    #Y1a      DRUCKBEGRENZUNGSVENTILMAGNET
000007 =   T 0     #ZEIT0    ZEITVERZ.DRUCKAUFBAU
000010 L   T 2     #ZEIT2    ZEITVERZ.DRUCKABBAU
000011 R   M 0
000012 R   A 10    #Y1a      DRUCKBEGRENZUNGSVENTILMAGNET
000013 L   T 0     #ZEIT0    ZEITVERZ.DRUCKAUFBAU
000014 =   A 12    #Y2a      4/2 WEGEVENTIL-MAGNET SPANNEN
000015 NOP
000016 L   E 5     #S5       GRENZTASTER ARBEITSZYL EINGEF
000017 A   E 4     #S4       GRENZTASTER SPANNZYLINDER AUS
000020 A   E 0     #S0       DRUCKSCHALTER SPANNDRUCK VORH
000021 AN  M 1
000022 S   A 14    #Y4b      4/3 WEGEVENTIL-MAGNET ARBEITE
000023 S   A 15    #Y5a      2/2 WEGEVENTIL-MAGNET EILGANG
000024 NOP
000025 L   E 7     #S7       GRENZTASTER ARBEITSZYLINDER
000026 O   E 11    #S11      TASTSCHALTER-STOP ZURÜCK
000027 R   A 14    #Y4b      4/3 WEGEVENTIL-MAGNET ARBEITE
000030 NOP
000031 L   E 6     #S6       GRENZTASTER ARBEITSVORSCHUB
000032 A   A 14    #Y4b      4/3 WEGEVENTIL-MAGNET ARBEITE
000033 O   E 11    #S11      TASTSCHALTER-STOP ZURÜCK
000034 R   A 15    #Y5a      2/2 WEGEVENTIL-MAGNET EILGANG
000035 NOP
000036 L   E 7     #S7       GRENZTASTER ARBEITSZYLINDER
000037 =   T 1     #ZEIT1    ZEITVERZ.ARBEITSZYL.ZURÜCK
000040 L   T 1     #ZEIT1    ZEITVERZ.ARBEITSZYL.ZURÜCK
000041 O   E 11    #S11      TASTSCHALTER-STOP ZURÜCK
000042 S   A 16    #Y6a      4/3 WEGEVENTIL-MAGNET EILGANG
000043 S   M 1
000044 L   A 13    #Y3b      4/2 WEGEVENTIL-MAGNET ENTSPAN
000045 R   A 16    #Y6a      4/3 WEGEVENTIL-MAGNET EILGANG
000046 L   E 3     #S3       GRENZTASTER SPANNZYLINDER EIN
000047 R   M 1
000050 NOP
000051 L   E 5     #S5       GRENZTASTER ARBEITSZYL EINGEF
000052 A   A 16    #Y6a      4/3 WEGEVENTIL-MAGNET EILGANG
000053 S   M 2
000054 L   M 2
000055 =   A 13    #Y3b      4/2 WEGEVENTIL-MAGNET ENTSPAN
000056 L   T 2     #ZEIT2    ZEITVERZ.DRUCKABBAU
000057 O   M 3
000060 R   M 2
000061 NOP
000062 L   M 0
000063 A   E 3     #S3       GRENZTASTER SPANNZYLINDER EIN
000064 =   T 2     #ZEIT2    ZEITVERZ.DRUCKABBAU
000065 LN  E 10    #S10      TASTSCHALTER-START/AUTOMATIK
000066 A   A 13    #Y3b      4/2 WEGEVENTIL-MAGNET ENTSPAN
000067 S   M 0
000070 PE
```

Beispiel 9: Prägevorrichtung

Zu Schritt-Programm 1 "Automatik/Dauerautomatik"

Nach Betätigung von A10 (E10) Tastschalter = Automatik//Rastschalter = Dauerautomatik soll der Programmablauf wie bei "Richtbetrieb" von Schritt 1 bis Schritt 6 automatisch ablaufen. Zwischen Schritt 2 und 3 ist eine Zeitverzögerung für den Rückhub von t = 3 s (T 0) vorzusehen.

Zu Schritt-Programm 2 "Stop-Zurück"

Wird im "Richtbetrieb" oder "Automatikbetrieb" Tastschalter S11 (E11) "Stop/Zurück" betätigt, muß zuerst - falls ausgefahren - Zylinder B ohne Zeitverzögerung in die Grundstellung einfahren. Danach folgen programmabhängig - falls ausgefahren - die Zylinder C und A.

Zu Schritt-Programm 3 "Richtbetrieb"

Über Tastschaltervorwahl S12 (E12) kann mittels Tastschalter S10 (E10) jeweils 1 Schritt abgerufen werden. Dabei soll folgender Ablauf gewährleistet sein:

1. Zylinder A über Wegeventil Y10a (A10) vor bis S2 (E2)
2. Zylinder B über Wegeventil Y11a (A11) vor bis S4 (E4)
3. Zylinder B wieder zurück bis S3 (E3)
4. Zylinder A wieder zurück bis S1 (E1)
5. Zylinder C über Wegeventil Y12a (A12) vor bis S6 (E6)
6. Zylinder C wieder zurück bis S5 (E5)

Lageplan:

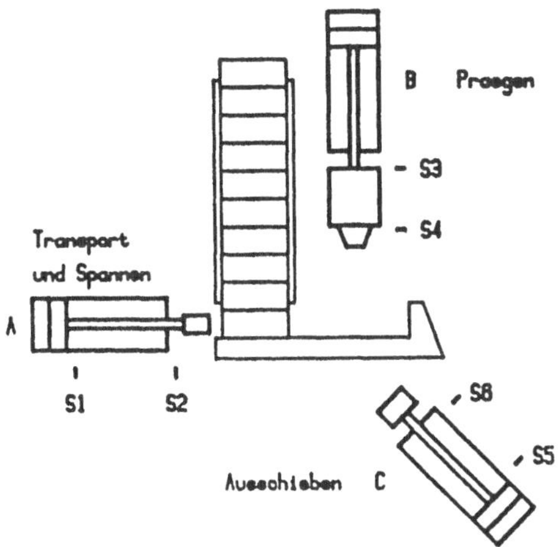

ZOL:

S1	= E 1	= ZYLINDER SPANNEN EINGEFAHREN
S2	= E 2	= ZYLINDER SPANNEN AUSGEFAHREN
S3	= E 3	= ZYLINDER PRAEGEN EINGEFAHREN
S4	= E 4	= ZYLINDER PRAEGEN AUSGEFAHREN
S5	= E 5	= ZYLINDER AUSWERFEN EINGEFAHREN
S6	= E 6	= ZYLINDER AUSWERFEN AUSGEFAHREN
S10	= E 10	= START/RICHTEN U. DAUERLAUF
S11	= E 11	= STOP/ZURÜCK
S12	= E 12	= RICHTBETRIEB
Y10a	= A 10	= 4/2 WEGEVENTIL-MAGNET ZYL SPANNEN
Y11a	= A 11	= 4/2 WEGEVENTIL-MAGNET ZYL PRAEGEN
Y12a	= A 12	= 4/2 WEGEVENTIL-MAGNET ZYL AUSWERFEN
ZEITO	= T 0	= ZEITVERZ.ZYLINDER PRAEGEN ZURUECK

Hydraulik - Plan:

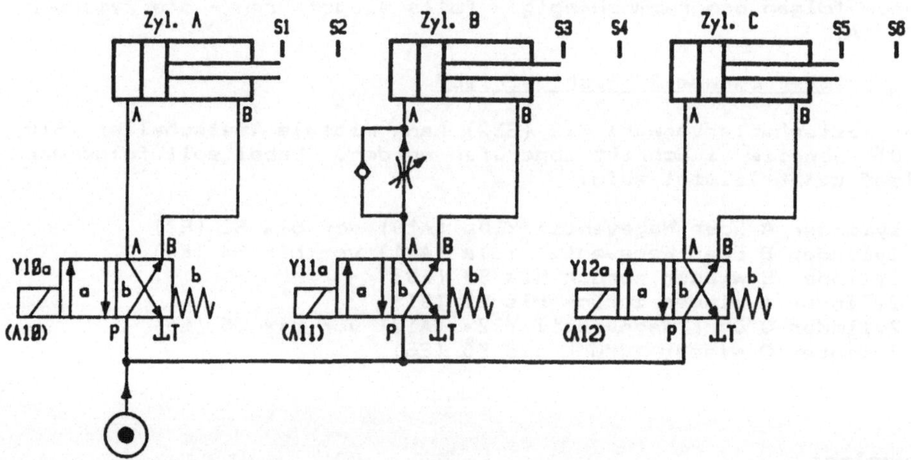

Anmerkung:
Lösung mit Hilfe einer Schrittprogrammierung

Schrittzähler 1 = Programmablauf "Automatik/Dauerautomatik"
Schrittzähler 2 = Programmablauf "Stop/Zurück"
Schrittzähler 3 = Programmablauf "Richtbetrieb"

AWL:

```
000000 L    SZ 1.0
000001 A    E   1       #S1        ZYLINDER SPANNEN EINGEFAHREN
000002 A    E  10       #S10       START/RICHTEN U. DAUERLAUF
000003 AN   E  12       #S12       RICHTBETRIEB
000004 AN   E  11       #S11       STOP/ZURÜCK
000005 ZV   SZ 1
000006 NOP
000007 L    SZ 1.1
000010 A    E   2       #S2        ZYLINDER SPANNEN AUSGEFAHREN
000011 AN   E  11       #S11       STOP/ZURÜCK
000012 ZV   SZ 1
000013 NOP
000014 L    SZ 1.2
000015 A    E   4       #S4        ZYLINDER PRAEGEN AUSGEFAHREN
000016 AN   E  11       #S11       STOP/ZURÜCK
000017 ZV   SZ 1
000020 NOP
000021 L    SZ 1.3
000022 A    E   3       #S3        ZYLINDER PRAEGEN EINGEFAHREN
000023 AN   E  11       #S11       STOP/ZURÜCK
000024 ZV   SZ 1
000025 NOP
000026 L    SZ 1.4
000027 A    E   1       #S1        ZYLINDER SPANNEN EINGEFAHREN
000030 AN   E  11       #S11       STOP/ZURÜCK
000031 ZV   SZ 1
000032 NOP
000033 L    SZ 1.5
000034 A    E   6       #S6        ZYLINDER AUSWERFEN AUSGEFAHRE
000035 AN   E  11       #S11       STOP/ZURÜCK
000036 ZV   SZ 1
000037 NOP
000040 L    SZ 1.1
000041 S    A  10       #Y10a      4/2 WEGEVENTIL-MAGNET ZYL.SPA
000042 NOP
000043 L    SZ 1.2
000044 S    A  11       #Y11a      4/2 WEGEVENTIL-MAGNET ZYL.PRA
000045 NOP
000046 L    SZ 1.3
000047 =    T   0       #ZEITO     ZEITVERZ.ZYLINDER PRAEGEN ZUR
000050 L    T   0       #ZEITO     ZEITVERZ.ZYLINDER PRAEGEN ZUR
000051 R    A  11       #Y11a      4/2 WEGEVENTIL-MAGNET ZYL.PRA
000052 NOP
000053 L    SZ 1.4
000054 R    A  10       #Y10a      4/2 WEGEVENTIL-MAGNET ZYL.SPA
000055 NOP
000056 L    SZ 1.5
000057 S    A  12       #Y12a      4/2 WEGEVENTIL-MAGNET ZYL.AUS
000060 NOP
000061 L    SZ 1.6
000062 R    A  12       #Y12a      4/2 WEGEVENTIL-MAGNET ZYL.AUS
000063 S    SZ 1.0
000064 NOP
```

Automatik - Programm

AWL:

```
000065 L    SZ 2.0
000066 A    E  11     #S11      STOP/ZURÜCK
000067 ZV   SZ 2
000070 NOP
000071 L    SZ 2.1
000072 R    A  11     #Y11a     4/2 WEGEVENTIL-MAGNET ZYL.PRA
000073 S    SZ 1.0
000074 S    SZ 3.0
000075 NOP
000076 L    SZ 2.1
000077 A    E  3      #S3       ZYLINDER PRAEGEN EINGEFAHREN
000100 ZV   SZ 2
000101 NOP
000102 L    SZ 2.2
000103 R    A  12     #Y12a     4/2 WEGEVENTIL-MAGNET ZYL.AUS
000104 R    A  10     #Y10a     4/2 WEGEVENTIL-MAGNET ZYL.SPA
000105 S    SZ 2.0
000106 NOP
000107 L    SZ 3.0
000110 AN   E  11     #S11      STOP/ZURÜCK
000111 A    E  10     #S10      START/RICHTEN U. DAUERLAUF
000112 A    E  12     #S12      RICHTBETRIEB
000113 ZV   SZ 3
000114 NOP
000115 L    SZ 3.1
000116 AN   E  11     #S11      STOP/ZURÜCK
000117 A    E  10     #S10      START/RICHTEN U. DAUERLAUF
000120 A    E  12     #S12      RICHTBETRIEB
000121 A    E  2      #S2       ZYLINDER SPANNEN AUSGEFAHREN
000122 ZV   SZ 3
000123 NOP
000124 L    SZ 3.2
000125 AN   E  11     #S11      STOP/ZURÜCK
000126 A    E  10     #S10      START/RICHTEN U. DAUERLAUF
000127 A    E  12     #S12      RICHTBETRIEB.
000130 A    E  4      #S4       ZYLINDER PRAEGEN AUSGEFAHREN
000131 ZV   SZ 3
000132 NOP
000133 L    SZ 3.3
000134 AN   E  11     #S11      STOP/ZURÜCK
000135 A    E  10     #S10      START/RICHTEN U. DAUERLAUF
000136 A    E  12     #S12      RICHTBETRIEB
000137 A    E  3      #S3       ZYLINDER PRAEGEN EINGEFAHREN
000140 ZV   SZ 3
000141 NOP
000142 L    SZ 3.4
000143 AN   E  11     #S11      STOP/ZURÜCK
000144 A    E  10     #S10      START/RICHTEN U. DAUERLAUF
000145 A    E  12     #S12      RICHTBETRIEB
000146 A    E  1      #S1       ZYLINDER SPANNEN EINGEFAHREN
000147 ZV   SZ 3
000150 NOP
000151 L    SZ 3.5
000152 AN   E  11     #S11      STOP/ZURÜCK
000153 A    E  10     #S10      START/RICHTEN U. DAUERLAUF
```

Stop/Zurück

Richtbetrieb

AWL:

```
000154 A    E  12      #S12     RICHTBETRIEB
000155 A    E  6       #S6      ZYLINDER AUSWERFEN AUSGEFAHRE
000156 ZV   SZ 3
000157 NOP
000160 L    SZ 3.6
000161 A    E  10      #S10     START/RICHTEN U. DAUERLAUF
000162 ZV   SZ 3
000163 NOP
000164 L    SZ 3.1
000165 S    A  10      #Y10a    4/2 WEGEVENTIL-MAGNET ZYL.SPA
000166 S    SZ 1.0
000167 NOP
000170 L    SZ 3.2
000171 S    A  11      #Y11a    4/2 WEGEVENTIL-MAGNET ZYL.PRA
000172 NOP
000173 L    SZ 3.3
000174 R    A  11      #Y11a    4/2 WEGEVENTIL-MAGNET ZYL.PRA
000175 NOP
000176 L    SZ 3.4
000177 R    A  10      #Y10a    4/2 WEGEVENTIL-MAGNET ZYL.SPA
000200 NOP
000201 L    SZ 3.5
000202 S    A  12      #Y12a    4/2 WEGEVENTIL-MAGNET ZYL.AUS
000203 NOP
000204 L    SZ 3.6
000205 R    A  12      #Y12a    4/2 WEGEVENTIL-MAGNET ZYL.AUS
000206 NOP
000207 L    SZ 3.7
000210 AN   E  10      #S10     START/RICHTEN U. DAUERLAUF
000211 S    SZ 3.0
000212 PE
```

Literaturverzeichnis

Elektropneumatische und elektrohydraulische Steuerungen

Götz, W., Hydraulik in Theorie und Praxis, 1987,
Robert Bosch GmbH, Geschäftsbereich Hydraulik, Stuttgart

Ausbilder-Handbuch (AHB), für Mikrocomputertechnik, Schulungsunterlagen,
BFZ-Essen Verlagsgesellschaft mbH, Köln

Elektronik-Zeitschrift: Der Junge Radio-Fernseh- und
Industrieelektroniker, Heft Nr. 3, Jahrgang 1990,
Frankfurter Fachverlag GmbH & Co. KG, Frankfurt a. M.

Friederich, Tabellenbuch Elektrotechnik, Elektronik,
511. Auflage, 1986, Ferd. Dümmler-Verlag, Bonn

Kallenbach, E., Der Gleichstrommagnet,
Akademische Verlagsgesellschaft, 1969, Geest u. Portig, Leipzig

Kauffmann, E., Hydraulische Steuerungen,
3. Auflage 1988, Fr. Vieweg u. Sohn Verlag, Braunschweig/Wiesbaden

Kielhorn, O./Müller L. und *Peitzmeyer, R.*, Speicherprogrammierbare Steuerungen
für jedermann, 1. Auflage 1983, Firmenschrift Klöckner-Moeller, Bonn

Schäfer, E., Magnettechnik, 1972, Vogel Verlag, Würzburg

Siemens: Schulungsheft Automatisierung,
Siematic S5, Speicherprogrammierbare Steuerungen Grundbegriffe,
Siemens AG, Erlangen

VDE-Vorschriftenwerk, VDE-Verlag GmbH, Berlin

Wellers, H. und *Wolf, D.*, Speicherprogrammierbare Steuerungen,
1. Auflage 1985, W. Girardet-Buchverlag GmbH, Essen

Sachwortverzeichnis